园艺专业职教师资培养资源开发项目

园艺产品贮藏运输

周瑞金　主编

中国农业出版社
北京

图书在版编目（CIP）数据

园艺产品贮藏运输/周瑞金主编．—北京：中国
农业出版社，2018.10
园艺专业职教师资培养资源开发项目
ISBN 978-7-109-24729-1

Ⅰ.①园… Ⅱ.①周… Ⅲ.①园艺作物—贮藏②园艺
作物—商品运输 Ⅳ.①S609

中国版本图书馆 CIP 数据核字（2018）第 234827 号

中国农业出版社出版
（北京市朝阳区麦子店街 18 号楼）
（邮政编码 100125）
责任编辑 王玉英

北京万友印刷有限公司印刷 新华书店北京发行所发行
2018 年 10 月第 1 版 2018 年 10 月北京第 1 次印刷

开本：720mm×960mm 1/16 印张：12.25
字数：218 千字
定价：80.00 元
（凡本版图书出现印刷、装订错误，请向出版社发行部调换）

教育部、财政部职业院校教师素质提高计划——园艺专业职教师资培养资源开发项目（VTNE055）成果

编 写 人 员

主　编　周瑞金（河南科技学院）

副主编　陈学进（河南科技学院）

　　　　方　强（河南科技学院）

　　　　王燕霞（石家庄农业学校）

编　者　（按姓名笔画排序）

　　　　王燕霞　方　强　陈学进　周瑞金

前言

为贯彻落实《国家中长期教育改革和发展规划纲要（2010—2020年）》提出的进一步推动和加强职业院校教师队伍建设，促进职业教育科学发展，《教育部、财政部关于实施职业院校教师素质提高计划的意见》（教职成〔2011〕14号）提出了"支持国家职业教育师资基地开发100个职教师资本科专业的培养标准、培养方案、核心课程和特色著作，完善适应教师专业化要求的培养培训体系"的目标任务。河南科技学院作为全国第一批职教师资培养培训基地，承担了"教育部、财政部职业院校教师素质提高计划——园艺本科专业职教师资教师标准、培养方案、核心课程和特色著作开发"项目（编号VTNE055，简称"培养包"项目）的研发工作。本项目组在项目办及专家咨询委员会的指导下，在学校的大力支持下，加强组织领导，周密安排部署，精心组织实施，圆满完成了项目研发工作，形成了一系列研究成果。园艺专业核心课程特色著作是本项目的成果之一。

《园艺产品贮藏运输》是高等学校园艺专业的必修课程，是建立在多学科基础上的应用科学，是以研究采收后园艺产品生命活动过程及其与环境条件关系的采后生理学为基础，以园艺产品在采后贮运过程中保鲜技术为重点，以提高园艺产品商品价值和市场竞争力为突破口，系统研究园艺产品采后商品化处理理论与技术的一门综合性交叉学科。

本专著是在对我国园艺产品贮运现状、相关行业产业用人需求进行广泛调研的基础上，按照项目研发的总体要求共同研讨完成的。在编写过程中，根据园艺行业产业发展对相关从业人员的总体要求和对技能型人才的需求，注重园艺、食品、物流等学科间的相互交叉，准确把握编写内容，强化理论联系实际，力求使专著满足更广泛行业从业人员需求。

本专著由河南科技学院组织编写，包括园艺产品采收与采后处理、园艺产品贮藏和园艺产品运输 3 个单元。园艺产品采收与采后处理分为 3 个模块，7 个任务；园艺产品贮藏分为 3 个模块，8 个任务；园艺产品运输分为 3 个任务。周瑞金编写单元一，陈学进编写绪论、单元二中模块一、模块二，方强编写单元三，王艳霞编写单元二中模块三。最后，在各位编写人员初稿的基础上，由主编进行统稿和调整完成书稿，经项目成果审定委员会审核后成稿。

在编写过程中，得到有关单位和同行专业人士的大力支持和帮助，参考了很多同仁的著作和科技资料，并引用了部分图表，在此一并致谢。

由于时间仓促，水平有限，错误和疏漏在所难免，衷心希望使用本专著的师生及广大读者予以匡正，对此谨致以最真诚的谢意。

编　者

2018 年 8 月

目录

绪 论

园艺产品包括水果、蔬菜及花卉等。园艺产品，尤其是水果和蔬菜，是人们日常生活中不可缺少的副食品，是仅次于粮食的世界第二重要农产品，同时也是食品工业重要的加工原料。

由于这些园艺产品属于鲜活易腐农产品，因此搞好园艺产品的采后处理、贮藏、保鲜保藏越来越受到普遍重视。

园艺产品贮藏保鲜技术是指采取一切可能的手段和措施，抑制新鲜的果蔬、花卉生命活动，降低其新陈代谢水平，减少其病害损失，延长其贮藏时间，以保持良好的、新鲜的果蔬和花卉质量的技术。

一、园艺产品贮藏及运输的意义

中国园艺产品资源丰富，水果年产量近 7 000 万 t，蔬菜年产量约 5 亿 t，均居世界第一位。中国果蔬产业已成为仅次于粮食作物的第二大农业产业。2010 年，中国果蔬总产量分别达到 1 亿 t 和 6 亿 t。在世界 3 万余种观赏植物中中国常用的就有 6 000 余种，丰富的园艺产品资源为果蔬、花卉贮藏业的发展提供了充足的原料。因此，园艺产品贮藏业作为一种新兴产业，在中国农业和农村经济发展中的地位日趋明显，已成为中国广大农村和农民最主要的经济来源和新经济增长点，成为极具外向型发展潜力的区域性特色和高效农业支柱性产业。采取科学的园艺产品贮藏技术，可以减少园艺产品采后损失，创造更高的经济效益。

园艺作物的种植具有较强的地域性，而人们对园艺产品的需求则是全球性的，这种矛盾只有通过贮藏运输才能解决。柑橘、香蕉、菠萝、荔枝、杧果等果品产于热带或亚热带地区，而苹果、梨、葡萄等产于温带地区，对于幅员辽阔的中国，通过国内南北地区间的贸易就可实现互通有无，而对于国土狭小的国家，则必须通过长距离运输的国际贸易才能享受到产自世界各个气候带的果品。不仅水果如此，大多数蔬菜和花卉也是如此。

园艺产品的收获也具有很强的季节性，而人们对园艺产品的需求则是全年性的，这种矛盾也只有通过贮藏及运输才能解决。例如：晚熟苹果在 9～10 月成熟采收，在气调贮藏库中可以贮藏到翌年的夏季，而此时苹果早熟的品种已经成熟上市；陕西的猕猴桃 10 月上旬成熟采收，在冷库中可以贮藏到翌年春季，新西兰的猕猴桃 4 月成熟采收，恰好可以弥补市场的空缺。正是由于贮藏及运输技术的发展，才使得寒冬腊月里的水果、蔬菜和花卉的市场与夏季一样丰富。

贮藏保鲜及运输也是园艺产品实现采后增值的重要途径。园艺产品采后易失水腐烂，合理的贮藏保鲜及运输技术可以减少采后水分损失和腐烂损失，提高商品价值，增加销售收入。园艺产品生产所具有的区域性和季节性特点，也决定了其价格具有淡旺季之间差价和产销地之间差价。因此，合理的贮藏保鲜与运输技术可以增加园艺产品生产的经济效益。

二、园艺产品贮藏及运输的现状和发展

园艺产品贮藏及运输业随着贮藏保鲜及运输技术的进步而发展。园艺产品的贮藏技术可以分为三种方式，即常温贮藏、低温贮藏和气调贮藏。

常温贮藏是园艺产品传统的贮藏方式，通过利用外界环境的自然冷源进行贮藏，其历史悠久，有些方式经过不断改进至今仍在应用。例如，我国古代家庭用瓦罐、陶瓷缸贮藏水果和蔬菜已有几千年的历史；大白菜、萝卜、胡萝卜沟藏，冬瓜、南瓜堆藏，马铃薯、甘薯和哈密瓜地窖贮藏，苹果、梨土窑洞贮藏等方式至今仍在应用。

低温贮藏是园艺产品最重要的贮藏方式。早期的冷库利用天然冰、人造冰、雪或冰盐混合物来降低库内温度，现代冷藏库则利用机械制冷降温。美国在 1881 年建立了世界上第一个机械贮藏设施。现在在发达国家，冷库贮藏几乎已经完全替代了常温贮藏，随着我国农村园艺产业的快速发展，冷库贮藏也在逐渐普及。

气调贮藏是园艺产品现代化贮藏方式。气调贮藏发展的历史，可追溯到 1916 年，英国人 Kidd 开始研究二氧化碳（CO_2）对种子呼吸的抑制作用。1916 年 Kidd 与 West 一起研究应用控制气体成分贮藏果实，发现提高 CO_2 浓度和降低氧气（O_2）浓度能使苹果保持原来的色泽和良好的硬度，他们于 1927 年发表了水果气体贮藏的论文，创建了苹果气体贮藏方法，可以说是近代气调贮藏的开始。

运输是商品实现跨地区、跨国界流通的唯一途径。按照园艺产品在运输途中所处的环境温度，可以将运输分为常温运输和低温运输两种方式。常温运输常用于一年四季中的短距离运输（如从产地到当地市场的运输）、短时间运输（如航空运输）和冬季的长距离运输（如冬季苹果、柑橘的长距离铁路和公路运输），常温运输在我国园艺产品运输中仍然发挥着非常重要的作用。低温运输是园艺产品现代化的运输方式，是园艺产品采后处理冷链系统的一个重要环节，也是西方发达国家园艺产品运输的主要途径。装有机械制冷系统的卡车、火车和轮船是低温运输的主要工具，包装箱内加冰（如花椰菜、荔枝的运输）、车厢内加冰（如甜玉米的运输）、预冷后隔热运输（如葡萄经过冷库预冷后，用隔热材料包装运输）也是常见的低温运输方式。随着我国高速公路网的建成和冷藏运输车、冷藏集装箱等设施的发展，冷藏运输将逐步成为园艺产品重要的运输方式。

1 单元一 园艺产品采收与采后处理

模块一 果品采收与采后处理

模块分解

任务	任务分解	要求
1. 果品采收	1. 成熟度判断 2. 果品采收	1. 掌握果品成熟度判断方法 2. 果品采收方法 3. 了解果品采收机械
2. 果品采后处理	1. 清洗消毒 2. 分级 3. 涂蜡 4. 包装	1. 了解果品采后处理程序 2. 掌握果品分级标准和方法 3. 掌握果品涂蜡技术 4. 掌握果品包装技术

任务一　果品采收

【讨论】

图 1-1　意大利柿子人工采收

图 1-2　湖北罗田甜柿人工采收

比较图 1-1 和图 1-2 中柿子采收方法的差异以及不同采收方法对果品品质的影响。

【知识点】

1. 果品采收成熟度概念　果品采收是果树生产中的最后一个环节，采收是否适宜将直接影响果品品质和贮藏特性。果品成熟度可分为以下几个阶段：

未熟期：果实在母株上还没有达到可以食用时应具有的足够风味，或者对于采收后需要后熟的水果，即使进行后熟处理也达不到良好风味。

适熟期：果实在母株上已经达到可以食用状态，或者对于需要后熟的水果，经后熟处理可以达到食用要求的风味和品质。

完熟期，果实在母体上已经达到应具有的最佳食用风味、品质。

过熟期：果实在母体上味道已经明显变淡，或者已经失去鲜食商品性。

一般而言，果实在母体上达到完熟时采收，其色泽、品质、风味最佳，但此阶段的水果往往不耐贮藏。对呼吸跃变型水果（如苹果、梨等中长期贮藏的果实），应适当早采（呼吸跃变前采收）。猕猴桃、香蕉等水果，往往由于贮藏、运输的需要，在可食之前采收，通过后熟处理使之达到完熟。桃、李、杏等保鲜期短的果实应在完熟前（八九成熟）采收。对于非呼吸跃变型水果（如葡萄等），应在充分成熟的情况下适当晚采，但也不可过晚。

2. 判断果品采收成熟度的方法

（1）果实生长发育期。栽植在同一地区的果树，其果实从生长到成熟都有一定的天数。对于特定的水果，可以计算从盛花（或落花）到成熟天数的方法确定成熟度和采收日期。例如，在山东济南，金帅苹果生长期约为 145d，红星苹果约 147d，国光苹果约为 160d，青香蕉苹果约为 156d。这些天数是经过多年观察而获得的平均值，但由于每年气候、管理技术、耕作条件等的不同，会影响果实发育，造成成熟度差异较大，因此根据生长期判断果实的采收期还需要和其他方法结合使用才比较可靠。

（2）果实外观色泽和形态。判断果实成熟度的重要标志就是果实的外观色泽和形态变化。一般果实在生长过程中，先在果皮表面积累叶绿素，随着果实成熟度的提高，叶绿素逐渐分解，表现出绿色消退，逐渐呈现出该果实特有的色泽。例如：苹果、梨等底色开始退绿转黄，果面出现光泽；葡萄（深色品种）由绿转微红、半红、全红、紫红、紫黑等，果面蜡质形成；甜瓜成熟时果皮出现该品种固有皮色、花纹、条带和网纹；荔枝成熟时果皮逐渐转红，当果皮刚转为鲜红色、龟裂纹底线仍带金黄色、内果皮仍是白色时，果实即为成熟，当内果皮转为红色时已进入过熟阶段，此时采收的荔枝不耐贮藏。

（3）果实形状和大小。不同果品有其特定的形状和大小特征。例如，香蕉横切面的形状可作为判断香蕉成熟程度的一个指标。因为香蕉在未成熟时，横切面呈现多角形，随着成熟度的提高，横切面上的角逐渐变圆滑。因此，横切面越圆滑，表示香蕉果实成熟度越高。

果实大小可以作为判断果实成熟度的参考依据之一。但同一品种果实的大小，因肥水管理、修剪措施、留果量等不同而异，因此判断时应同时参考其他指标。

（4）果实硬度。未成熟的果实果肉坚硬，而成熟的果实则较松软。因此，可以根据果实的硬度判断果实的成熟度。这种硬度的变化，可以通过用手指触压果实做出主观的估计；进行更精确的判断，可以用果实硬度计测定。

（5）可溶性固形物（糖）和酸含量。随着果实的成熟，果实中可溶性固形物和糖的含量上升，酸度下降，据此可以判断果实的成熟度。糖的含量可以用化学方法直接测出。为了便于测定，可用果实中总可溶性固形物含量来反映糖的含量。通常把可溶性固形物与总酸量之比称为固酸比，把总含糖量与总酸量的比值称为糖酸比。用固酸比或糖酸比来判断果实的成熟度，往往比用单一的糖含量或酸含量更能客观地反映糖和酸的关系。

（6）淀粉含量。可用碘化钾溶液处理果肉截面，根据截面染成蓝色的面积大小或深浅程度来判断果肉的淀粉含量，一般未成熟的果实淀粉含量较高。苹果、梨（秋子梨和西洋梨品种）等水果，碘化钾染色后呈蓝色的，表明成熟度较高，适宜采收。

（7）果梗脱离的难易程度。核果类和仁果类果实在成熟时，果柄和果枝之间形成离层而容易脱落，可将果实脱落的难易程度作为判断果实成熟度的一个标准。出现离层后应及时采收果实，否则容易造成大量落果。但有的果实（如柑橘），萼片和果实之间的离层形成比成熟期晚；有的果实因环境因素影响而提早形成离层。对于这类果品，不宜用果实脱落难易程度来判断其成熟度。

（8）种子颜色变化。可通过观察苹果、梨等水果的种子变褐情况判断其成熟度。

除上述方法和指标外，还可以根据其他情况来判断，如果实发育有效积温、果实乙烯释放量、呼吸强度变化等。需要注意的是，由于生态、地理、栽培条件等的不同，只用单独一项指标很难做出科学的判断。在生产实践中，往往需要多个指标综合考虑。不同水果采用的成熟度判断标准有所不同，具体指标及其适用水果种类见表1-1。

表1-1 不同水果成熟指标

指标分类	具体指标	适宜水果种类
生长发育指标	盛花（或落花）至成熟的天数	苹果、梨等
	开雌花至成熟的天数	甜瓜、西瓜等
外观形态指标	外观颜色	所有水果
	种子颜色	梨等
	果实大小	所有水果
	表层形态及结构	葡萄（果粉、蜡质增多，果皮增厚）；毛桃（茸毛稀少）；荔枝、杧果（皮花纹出现蜡层，皮孔微裂）
	果实形状	香蕉（棱角变化）；杧果、枇杷、杨桃（果实饱满度）
	密度	杧果、樱桃、西瓜等
	果梗脱离的难易程度	苹果、梨等
嗅觉指标	香气形成	部分甜瓜品种
理化指标	硬度	苹果、梨、桃、李、杏等
	淀粉含量	苹果、梨（秋子梨、西洋梨品种）等
	可溶性固形物或糖含量	苹果、梨、葡萄、猕猴桃、樱桃、西瓜、甜瓜等
	糖含量，糖酸比或固酸比	苹果、柑橘、石榴、木瓜等

（续）

指标分类	具体指标	适宜水果种类
理化指标	果汁含量	柑橘类水果
	鞣酸含量	柿子等
	呼吸强度及内部乙烯浓度	苹果、梨等

3. 采前准备 采收前首先要预估产量，制订相应的采收计划，准备相应的劳力、采收工具、包装容器、包装材料、运输工具等，做好采后处理、运输及收购部门的统筹协调工作。做到适时采收，快收、快运，及时销售、贮藏或加工，以保证果品的品质。在栽培方面，要适时停止喷药、灌水，做好清理果园等准备。制订计划时，还要考虑气候因素的影响，以减少收获中预计不到的损失。

果品采收时间对其采后处理、贮藏和运输具有很大的影响。最好选择在一天内温度较低且干燥的时间采收。低温下果品呼吸作用小，生理代谢缓慢，采收后由于机械损伤引起的不良生理反应也较小。此外，低温环境下，果品采后自身所带的田间热也可以降到最小。另外，环境湿度对果品采后品质也有一定影响，例如阴雨或有雾气时空气湿度大，果品表皮细胞膨压大，容易造成机械损伤；果实表面潮湿，容易受微生物侵染。

为了保证采收后果品具有良好的品质，避免不必要的损伤，对采收工具及容器也有一定的要求。选用适当的采收工具，如果剪等，可以减少产品的机械损伤。采收容器最好大小合适，内部平滑、有弹性，不易发生擦伤、压伤等。

采收后果实及时运输可提高果品的品质，一般采用大散装箱或托盘堆码，铲车运输，既可避免人工搬运的繁重体力劳动，又可减少果实损伤。

4. 采收方法 果品的采收方法可分为人工采收和机械采收两种。以鲜食为目的进行销售的产品，基本都是以人工采收为主；以加工为目的进行销售的产品，可以采用机械采收。

（1）人工采收。人工采收一般包括手摘、用采果剪等方法。通常用于鲜销和长期贮藏的果品多采用人工采收。另外，也可将人工采收和机械采收相结合，以提高采收效率及质量。例如，用于加工的草莓在利用机械采收前 4~6d 进行 1~2 次人工采收，先摘掉早成熟的果实，使剩下的果实成熟相对一致，有利于提高机械采收的质量。采收番木瓜、香蕉、柿子等时，采收梯旁常安置可升降的工作平台，用于装载产品（图 1-1）。

果品的种类不同，进行人工采收的步骤及使用工具也不同。例如：苹果、梨的果梗与果枝间产生离层，易于分离，可以直接用手采摘，采摘时用手掌握

住果实向上托，果实即可脱落，此过程
要避免手指碰伤果肉；桃、杏等果实成
熟后，果肉柔软，不宜用手指接触，需
用手掌托住，左右轻轻摇动即可脱落。
而果梗与果枝连接牢固的果实需要用
刀、剪，采下后的果梗根据不同种类进
行不同处理。如葡萄、枇杷等的果梗细
长且柔软，不需要再处理，只需保持原
状即可；而柑橘等果梗短而硬，采后需
要重新修剪，以免刺伤其他果实。采摘
柑橘时，要用专用的果剪（图1-3），两

图1-3　柑橘采摘剪

剪采收，即先将果实在果蒂上部剪下，再沿果剪平。剪刀尖端采用圆钝形可防
止刺伤果皮。

　　人工采收时，应根据不同果品的特性，分别采用合适的采收方法，尽可能
减少损伤。为避免采收过程中触落附近果实，减少损失，应遵循由外向内、由
下向上的顺序采摘果实。

　　人工采收灵活性强，机械损伤少，可以针对不同的产品、不同的形状、不
同的成熟度，及时进行采收和分类处理。另外，只要增加采收人工数量，就能
加快采收速度，便于调节控制。由于果品的生长环境和个体差异，同一棵树上
的果实成熟度也不一致，分批采收可保证果品的品质一致性，并可提高产品的
品质和产量。

　　尽管人工采收具有很多优点，但仍存在许多问题，表现为缺乏可操作的果
品采收标准，工具原始，采收粗放。为提高人工采收效率，需制定严格的采收
标准，进行认真的管理，工人上岗前需要进行培训，使他们了解产品的质量要
求，尽快达到应有的操作水平和采收速度。

　　（2）机械采收。随着经济的发展，机械化操作逐渐取代人工操作，在一些
发达国家，机械采收逐渐取代人工采收。果品采收机械主要分为机械推摇式采
收机、机械撞击式采收机、气力振摇式采收机和切割式采收机。推摇式采收机
和撞击式采收机是根据产生振动形式的不同而划分的，国外用得最多的是推摇
式采收机。

　　机械推摇式采收机主要由推摇器、夹持器、接载装置和输送装置等组成。
其原理是利用机械推摇果树枝干产生振动，传递到果实上使果实产生加速度，
当其惯性力大于果实与果枝的结合力时，果实与果枝脱离而掉落。摘果率与惯
性力有关，惯性力又与振摇频率、振幅、作用位置有关。因此，只有选择合适

的推摇器振摇频率、振幅和作用部位，才能获得较好的振动效果。推摇器的作用部位一般选择在最低的分枝以下 45～60cm 处。当夹持器夹住树干时，推摇器的工作频率为 13～42Hz，振幅为 10～19mm；夹住大枝干时，工作频率为 7～23Hz，振幅为 38～50mm。采用不同的推摇器和夹持器可采收苹果、梨、杏、李、核桃、巴旦木、枣、板栗、山楂及樱桃等。

机械撞击式采收机是采用不同类型的撞击部件撞击树冠上的果枝，将果实振落（图 1-4）。主要包括擂杆撞击式和棒杆敲击式。撞击式作业时，将装有衬垫的擂杆端头推靠在树枝上，利用机械力、气力或液压力使擂杆往复运动，对果树进行断续的撞击，使果实振落。棒杆敲击式作业时，成排的指杆式橡胶敲击棒在液压系统操纵下做往复运动，敲打果枝，使果实脱落。根据行走方式分为自走式采收机和拖拉机牵引工作的采收机。自走式采收机的振摇和收集部分应该与果树树冠的形状和尺寸相适应，因此果树冠层应该修剪两边并去顶，对果树的修剪要求较高。对于没有被修剪成统一形状、尺寸和没有被修剪边缘的果园来说，适合应用拖拉机牵引式采收机，美国在柑橘收获上多采用此形式。

图 1-4 机械撞击式采收机

气力振摇式采收机有吹气振摇式和吸气振摇式两种。吹气振摇式采收机是利用风机产生的高速气流（约 44m/s），通过两个或多个排气口吹向果树，同时导向器以 60～70 次/min 的频率不断改变气流方向，使果实振摇产生惯性力而脱离果枝。该机型采收效率较高，但功率消耗大，易损伤小树枝和树叶。吸气振摇式采收机是利用气流吸力将果实吸入采果装置，在被吸气流拽下后经采吸口、吸风道进入沉降室，落到输送带上，树叶等轻小杂物经风机吹送由出风口排出。

切割式采收机是将树枝或果柄切断使果实与果树分离，从而实现采摘，又分为机械切割式和动力切割式，如油锯、气动剪和电动剪。

机械采收可节约大量劳动力，效率高，成本低。但机械采收只能进行一次采收，而且容易造成损伤，致使采后的果品不耐贮藏，所以一般对以加工为目的或能一次性采收且对机械损伤不敏感的果品进行机械采收，而以鲜食或贮藏为目的的果品仍然采用人工采收。在机械采收前也常喷施果实脱落剂，如放线菌酮、维生素 C、萘乙酸等，以提高采收效果。此外，采后及时进行预处理也可有效降低机械损伤。

【任务实践】

实践一　果品成熟度判断

1. 材料　桃。

2. 使用工具　水果刀、糖度计、硬度计。

3. 考查内容

（1）通过外观形态、大小、颜色、种子颜色，划分果品成熟度。桃采收成熟度区分标准见表 1-2。

表 1-2　桃采收成熟度区分标准

成熟度	区分标准
七成熟	底色绿色，已充分发育，果面基本平展无坑洼，中晚熟品种在缝合附近有少量坑洼痕迹，但茸毛多而厚
八成熟	底色变淡，果面丰满，茸毛稍稀，果实仍稍硬，但已有些弹性，有色品种阳面少量着色
九成熟	果面呈现成熟时的本色，茸毛稀，弹性增大，有芳香气味，表现品种风味特性，桃头已变软

（2）通过测定果实糖度、酸度、硬度、淀粉含量等划分果品成熟度，具体方法参照《园艺产品质量分析》。

4. 检查　准确判断桃果实成熟度。

实践二　果品采收机械认识与使用

1. 使用工具　不同类型果品采收机械。

2. 考查内容

（1）通过观看影像资料、实地参观果品采收机械，认识果品生产常用的采收工具。

（2）学会简单的果品采收工具使用方法。

【关键问题】

呼 吸 跃 变

果实从生长停止到开始进入衰老之间的时期内呼吸速率突然升高，具有这一特性的果实称为跃变型果实，如苹果、香蕉、鳄梨、杧果等。一般热带与亚热带果实（如鳄梨、杧果等），跃变顶峰的呼吸强度为跃变前的 35 倍，温带果实（如苹果、梨等）仅为 1 倍左右。柑橘和柠檬等不表现呼吸速率显著上升，称为非跃变型果实。不同种类的跃变型果实，从采摘后到呼吸上升的间隔时间和程度不同。在呼吸跃变出现前或出现时，果实内部乙烯形成量急剧升高，并与果实进入成熟达到可食状态相联系。为了满足商品需求，可用乙烯利促其提前到来；也可用低温、高二氧化碳浓度、低氧浓度等条件处理果实，减弱呼吸作用，延缓乙烯产生，从而延长果实的贮藏时间。

对于呼吸跃变型水果，常常把呼吸跃变的高峰期，作为水果由成熟走向后熟衰老的转折期。降低贮藏温度，能有效地延缓呼吸跃变型水果的后熟和衰老，表现为其跃变高峰推迟出现，峰的高度降低，甚至可以不出现跃变高峰。

【思考与讨论】

1. 简述果品成熟度的判断方法。
2. 果品的采收方法及应注意的问题有哪些？

【知识拓展】

主要果品的采收标志

1. 苹果　苹果属于呼吸跃变型果实，果实从未熟到过熟，品质变化迅速，一过成熟期，贮藏性迅速下降，并且不同年份、不同果实之间的成熟度差异较大，采收成熟度较难掌握。可通过果皮颜色确定着色品种的采收时期，即绿色消失，黄绿色底色形成。此外，可用果实中的淀粉含量作为采收标志，即将纵向切开的果实切面放入 0.4%碘化钾液中，未熟果实富含淀粉，切面迅速变蓝；过熟果实无淀粉，切面仍为黄褐色；处于最佳采收期的果实，切面周围含淀粉，呈蓝色，中心部分呈浅黄色。根据该方法，可对大部分品种的成熟期根据 6 级标度法在 1～2min 内作出判断。染色分级：5 级，切面全部染色；4 级，果梗及子房周围出现浅色区域；3 级，果心部分出现浅色区域；2 级，大部分果肉未染色；1 级，果皮下轻微染色；0 级，无蓝色。也可用果实底色度、果实硬度作为综合采收指标。例如红玉苹果用硬度、色泽及淀粉含量综合作为采收指标，一般采收硬度在 $7.5～7.0kg/cm^2$，但如色泽及淀粉指标达到要求，则允许硬度更高，当色泽和淀粉指标达不到要求时，硬度指标可降到 6.5kg。

2. 柑橘 判断柑橘成熟度的指标很多，不同品种间差异也很大。用果皮转色程度判断成熟度，如伏令夏橙需 25％转色，西班牙红橘需 75％转色，但一些宽皮橘、雪柑和新会柑成熟时果皮几乎不脱绿。用固酸比作为采收标准，例如，美国甜橙采收时固酸比需达到 8：1。果汁含量也可作为采收指标。ISO 规定，汤姆生脐橙的果汁量为 30％，华盛顿脐橙为 30％，其他甜橙 35％，葡萄柚 35％，柠檬 25％，宽皮橘 33％，克莱门丁 40％。菲律宾柑橘品种成熟度指标见表 1-3。

表 1-3 菲律宾柑橘品种成熟度指标

品种	转色（％）	最低固形物（％）	最低酸分（％）	固酸比	最低果汁含量（％）
伏令夏橙	25	8.5	0.5	10.1	50
葡萄柚	50	9.5	0.6	10.1	50
柑	50	8.5	0.5	10.0	50
宽皮橘		7.5	0.7	7.1	50
雪柑		7.5	0.7	7.1	50
四季橘					40
Ladu	25	8.0	0.6	8.1	50

3. 香蕉 经济栽培的香蕉在完熟之前采收。长途运输的，采收成熟度为 75％～80％，香蕉体的棱角明显，可在 3 周内成熟。稍近距离运输的，采收成熟度为 85％～90％，果实已充分发育，但棱角仍明显，可在 1～2 周内成熟。供当地市场销售的，采收成熟度为 90％以上，果实饱满但未完全黄色，可在 1 周内成熟。

判断香蕉成熟度的指标有肉皮比、果实棱角、坐果后天数等。最好以果实大小、开花后的天数结合饱满度来决定采收期。如矮生蕉，在坐果后 90d，饱满度 3/4，肉皮比 120：12 时采收，最适于远地运输。

4. 葡萄 鲜食葡萄在果实达到生理成熟时采收最适宜，即品种表现出固有的色泽，果肉由硬变软而且有弹性，果梗基本木质化并由绿色变黄褐色，果肉达到该品种固有的含糖量和风味。需长途运输的果实可在八成熟左右才收，当地销售的可在 9～10 成熟时采收。贮藏用的果实采收期应根据品种来定。如龙眼、晚红、秋红、秋墨、奥山红宝石等欧亚晚熟品种，在不受冻害的前提下尽可能晚采。这类品种没有明显的后熟过程，在植株上糖分可以不断积累，直至枝叶的供应能力衰退为止。采收越晚，果实含糖越高，着色好，果粉厚，风味佳，冰点降低，耐低温能力增强，有利于后期贮藏。巨峰等欧美杂种葡萄品种，其特性与欧亚葡萄相反，因此，达到采收标准就可采收。

加工品种采收期与用途有关。制汁品种要求含糖量达 14%～16%，含酸量 5～7g/L，需充分成熟采收。酿酒品种，由于酿造不同酒种，对原料的糖、酸、pH 等要求不同，其采收期也不同。酿制白兰地酒要求含糖量 16%～20%，含酸量 8～10g/L；香槟酒要求含糖量 18%～20%，含酸量 9～11g/L；甜葡萄酒要求含糖量不低于 20%～22%，含酸量 5～6g/L。制干要求含糖量 20%以上，含酸量较少，应在充分成熟后采收。制糖水葡萄罐头，采收期在八成熟时，有利于除皮、蒸煮和装罐等工艺操作。

5. 凤梨 一般以果皮色泽作为采收指标。通常分级标准如下：

0 级：全部果眼为绿色。

1 级：20%果眼为黄色。

2 级：20%～40%果眼为黄色。

3 级：40%～65%果眼为黄色。

4 级：65%～90%果眼为黄色。

5 级：90%以上果眼为金黄色，20%以上为橙红色。

6 级：20%～100%果眼为棕红色。

7 级：果实外表主要为棕红色，并有衰败迹象。

加工及近距离市场鲜销采收 2～4 级果实。长途运输采收 0 级果实。6～7 级为过熟果。

【任务安全环节】

（1）户外实验实践时要穿着适宜活动的衣服和鞋袜。

（2）须长时间在阳光下操作时，可在遮盖物下工作，并使用个人防护衣物（器具、帽）。

（3）高温长时间户外操作时，要适当休息，并饮用合适的饮料，补充失去的水分及盐分。

（4）果品采收机械使用过程中要避免刀刃等利器碰伤。

任务二　果品采后处理

【讨论】

讨论：果品从采收到销售，一般需要经过哪些程序？

果品从采收到销售，一般需要经过以下程序：适时采收→短途运输→卸果

→初选→清洗、消毒→去除表面水分→分级→涂蜡（可食蜡）→干燥→贴商标→包装→冷却→贮藏→运输→销售。有的果品，如香蕉还需要催熟处理。

以上环节在具体操作时有所不同。比如套袋的苹果、梨、桃等，一般不需要清洗、消毒，可直接分级包装。涂蜡的目的是为了美观漂亮，但更主要的是为了保持较长的货架期，一般常见于苹果、柑橘类、桃、李子等。采后处理一般在上市前进行。用于贮藏的果实，采后一般经过初选后直接包装（贮藏包装）入贮，贮后再进行其他处理。另外，对二氧化碳敏感的水果如富士苹果等，一般不能打蜡后贮藏（气调贮藏），否则可能造成伤害。

【知识点】

1. 清洗、消毒　清洗的目的是洗掉果品表面的泥土、杂物、农药、化肥等污物，使之更加美观、干净，便于分级和包装。生产中常用的清洗方法包括浸泡、冲洗、喷淋等方式，洗涤用水要达到饮用水标准，严禁用污水洗涤，严禁使用洗涤剂，但可适量加入对人体无毒的消毒剂。图 1-5 为大枣气泡清洗机。

图 1-5　大枣毛刷气泡清洗机

2. 分级

（1）分级方法

①人工分级。依据人的视觉判断，将产品按大小分为若干级。人工分级时人心理因素影响较大，容易出现偏差。为减少人的主观影响，可使用选果板（图 1-6）分级，选果板上有一系列直径大小不同的孔，根据果实横径的不同进行分级。与视觉判断相比，用选果板分级的产品，偏差较小。

②机械分级。机械分级多根据果实直径大小进行形状选果，或根据果实重量进行重量选果。机械分级效率高，为使分级标准更加一致，常将机械分级与人工分级结合进行。

图 1-6　选果板

（2）分级机械

①果实大小分级机。根据果实大小分级，首先分出小果径果，之后分出大果径果。果实大小分级机通常分为滚动式、传动带式和链条传送带式 3 种类型。果实大小分级机结构简单、操作方便、效率高，但对于果皮不太耐磨的果实容易产生机械伤。

②果实重量分级机（图 1-7）。根据果实重量分级。通常分为摆杆秤式和弹簧秤式两种类型。一般用于梨、柠檬、杧果、苹果、猕猴桃、洋葱、马铃薯等果形不正的果品分级。

图 1-7　果实重量分级机

③光电分级机。为保证果品的表面和内部质量，减少机械损伤，可利用其光学特性进行分选。

（3）分级标准。果品的分级在不同国家和地区标准不同。例如，美国鲜苹果分级标准主要依据是色泽和大小，将果品分成超级、特级、商业级、商业烹饪级和等外级。我国鲜苹果分级标准主要依据是果形、色泽、硬度、果梗、果锈、果面缺陷等，如按果实最大横切面直径（即果径）大小，分为优等品、一等品、二等品。其中，优等品果径为：大型果≥70mm，中型果≥65mm，小型果≥60mm，各类果每级级差5mm（GB/T 10651—2089）。我国出口鲜苹果主要按果形、色泽、果实横径、成熟度、缺陷与损伤等分为 AAA 级、AA 级和 A 级，各等级对果实大小要求是：大型果横径不低于65mm，中型果不低于60mm。此外，山东、陕西等省根据自身生产特点制定了鲜苹果地方标准。

具体果品相应的国家分级标准可查看相关网站。

3. 涂蜡 涂蜡，也称涂膜、打蜡、上蜡，即在果品表面涂上一层果蜡，是现代园艺产品营销中的一个重要措施。果品涂蜡后，一定程度上阻碍了果品与环境的接触，可降低果品呼吸作用，抑制水分蒸发（减少失水 30% ～50%），减少腐烂，保持鲜度，延长供应时间，且使果品光滑整洁，提高商品价值。

（1）涂膜的种类。涂膜所用蜡液是将蜡微粒均匀地分散在水或油中形成稳定的悬浮液。果蜡的主要成分为天然蜡、合成（或天然）高聚物、乳化剂、水和有机溶剂等。天然蜡如棕榈蜡、米糠醋等；高聚物包括多聚糖、蛋白质、纤维素衍生物、聚氧乙烯、聚丁烯等；乳化剂包括 C_{13}～C_{18} 脂肪酸蔗糖酯、油酸钠、吗啉脂肪酸盐等。这些原料必须符合食品添加剂标准，对人体无害。随着人们健康意识的不断增强，无毒、无害、天然的涂膜剂日益受到消费者的青睐。例如，日本用淀粉、蛋白质等高分子溶液加上植物油制成混合涂料，喷在新鲜柑橘和苹果上，干燥后可在产品表面形成有很多直径为 0.001mm 的小孔薄膜，从而抑制果实的呼吸作用。

（2）涂膜的方法。涂膜的方法有浸涂法、刷涂法和喷涂法 3 种。浸涂法是将涂料配成适当浓度的溶液，将果实浸入，蘸上一层薄薄的涂料后，取出晾干即可。刷涂法即用细软毛刷蘸上涂料液，然后辗转擦刷果实，使果皮涂上一层薄薄的涂料膜。喷涂法即果实在洗果机内送出干燥后，在其上喷上一层均匀、极薄的涂料。

不论采用哪种涂膜方法，都要做到涂膜厚度均匀、适量。过厚会引起呼吸失调，导致品质下降；过薄效果不明显。

涂膜处理只是果品采后一定期限内商品化处理的一种辅助措施，只能在上市前进行处理或作短期贮藏、运输，否则会降低产品品质。

4. 包装 果品包装是实现商品标准化、保证安全运输和贮藏的重要措施。包装的要求是科学、经济、美观、牢固、方便、适销，有利于长途运输。

（1）包装的作用。合理的包装可减少或避免果品在运输、贮藏和销售过程中因相互摩擦、碰撞和挤压等造成的机械损伤，减少水分蒸发；防止尘土和微生物等污染产品；缓冲外界温度剧烈变化，减少因温度变化而引起的产品损失；使产品新鲜饱满、延长贮藏期和货架期。包装还可使产品在流通中保持良好的稳定性，提高产品商品价值和卫生质量。

（2）包装容器

①外包装容器。外包装的作用是保护商品，便于装卸和运输，所以外包装也叫贮运包装。外包装类型很多，各有利弊，可依据商品特点要求和实际需要选择。

木箱。大小一致，便于堆码，抗压强度大，能长期周转使用，适于大批量运输，但质量重，且容易损伤产品。

塑料箱。轻便防潮，牢固耐用，便于清洗和消毒，可长期反复使用，但成本较高。

瓦楞纸箱。质量轻，可折叠，便于运输，便于印刷各种图案，用后易于处理，纸箱上蜡后可提高其防水防潮性能（图1-8）。

图1-8　瓦楞纸箱

②内包装容器

包果纸。抑制果实体内水分蒸发；隔热，有利于果品保持较稳定的温度，延长贮运期；减少果品间挤压碰伤；提高商品价值。包果纸（图1-9）要选用质地柔软、干净、光滑、无异味、有韧性的薄纸。常用的有皮纸、毛边纸、光纸等。还可在包果纸中加入化学药剂预防贮运期间某些病害发生。

内包装塑料膜（图1-10）。具有透明、透湿和透气等优点，如柑橘的单果包装，草莓、樱桃等小塑料袋或塑料盒包装等。

图 1-9　包果纸

图 1-10　内包装塑料膜

衬垫物。为避免果品与容器壁直接接触，防止运输过程中发生晃动、碰撞，减少碰伤和压伤，可在包装容器内铺设柔软清洁的衬垫物。此外，衬垫物还可起到防寒、保湿和保洁的作用。纸箱、木箱常用纸张、塑料薄膜、薄纸板等作为衬垫物。

抗压托盘。托盘上有一定数量的凹坑，凹坑与凹坑之间可设计图案，根据包装果实设计凹坑的大小形状以及图案类型，果实的层与层之间由抗压托盘隔开，可避免贮运中的损伤，且美化商品。常用于苹果、梨、杧果、猕猴桃等果实包装（图 1-11）。

图 1-11　猕猴桃果箱内放置抗压托盘

（3）包装方法。果实装箱要做到不滚动，不相互碰撞，在充分利用容器空间的前提下保证果实通风透气性。如果实大小一致，为方便销售，装箱时每箱个数是一定的。箱子（木箱或纸箱等）装果一般成直线或对角线排列，小型果适于直线排列，但底层果承受压力大，通风透气较差；大中型果适于对角线排列，其底层承受压力小，通风透气较好。

不同水果对机械损伤的敏感程度不同，选择的包装材料和包装方法也不同。刺伤、挤压、碰撞和振动均会造成机械损伤。表 1-4 是部分水果对挤压、碰撞和振动的敏感程度。

表 1-4　果品对三种机械损伤的敏感程度

名称	机械损伤		
	挤压	碰撞	振动
苹果	S	S	I
杏	I	I	S
香蕉（未成熟）	I	I	S
香蕉（成熟）	S	S	S
香瓜	S	I	I
葡萄	R	I	S
油桃	I	I	S
桃	S	S	S
梨	R	I	S
李	R	R	S
草莓	S	I	R

注：引自 Wills RHH 等，Postharvest：an introduction to physiology and handling of fruit and vegetables. 其中，S、R 和 I 分别表示敏感、抗敏感和居中。

装箱的原则是充分利用容器空间。果实装箱前先用包果纸包裹，在箱底平放一层垫板，放入格套，把用纸包好的果实放入格套内，放好一层后再在其上放垫板和格套，继续装果至满，在最上层最好放一块垫板，然后封盖，粘严。果实包装可根据果实性质而定：肉质较硬的果实，如苹果、梨等，可装4～5层或6～7层；肉质较软的果实，层数要少，不宜超过3层，葡萄以2层为宜。

【任务实践】

实践一　果实的采收、分级与包装

1. 材料用具　苹果、梨、桃、葡萄、核桃等结果期树。采果梯、采果剪、采果袋（或篮）、包装容器等。

2. 观察果实成熟度　观察判断果实成熟度。

3. 采收

（1）采收方法。仁果类和核果类供鲜食的，宜直接用手采摘。葡萄、石榴等，宜剪摘。而核桃、枣、板栗等，则可震落、摇落或打落采收。

（2）注意事项。采果的次序应先下后上，先外后内，以免碰落其他果实。采果时应防止损伤果实。

4. 分级

（1）分级标准。果实的等级是根据国家制定的规格确定的。目前大宗果品如苹果、梨、柑橘等已普遍遵照执行。苹果、梨、桃可分为3～4级。

（2）分级方法参照所在地果品分级标准，按照果实大小、着色程度、病斑大小、虫孔有无，以及碰压伤的轻重等进行分级。使用分级板区别果实的大小，即将果实送入适合的圆孔分出级别。富士苹果分级标准见表1-5。

表1-5　富士苹果分级标准（GB/T 18965—2008）

项目	规格质量		
	一级	二级	三级
果实横径（mm）	70以上	65以上	60以上
果形	扁圆形略偏尖，果柄完整	同一级	基本具有本品种特点
色泽	底色淡黄绿色	同一级	同一级
果面	新鲜，光滑洁净，允许轻微枝叶磨伤，水锈或药斑总面积不超过1cm²	新鲜，光滑洁净，枝叶磨伤不超过3cm²	新鲜，允许枝叶磨伤不超过1/4，水锈或药斑不超过1/2

（续）

项目	规格质量		
	一级	二级	三级
损伤与病虫害	无刺伤、划伤，无裂果、病虫果，轻微碰压伤总面积不超过 1cm²，日烧面积不超过 1/10。允许雹伤 1 处，面积不超过 0.5cm²	无刺伤、划伤、裂果和病虫果，碰压伤总面积不超过 1cm²，日烧面积不超过 1/8。允许雹伤 2 处，面积不超过 2cm²；虫伤 5 处，每处面积不超过 0.5cm²	无腐烂和食心虫果，刺伤、划伤、雹伤面积不超过 0.3cm²，日烧面积不超过 1/4。雹伤 3 处，面积不超过 3cm²；虫伤 10 处，每处面积不超过 3cm²

注：果实硬度 7kg/cm² 以上；可溶性固形物 14% 以上；总酸量 0.31% 以下，糖酸比 45.2：1 以上。

核桃坚果不同等级的品质指标见表 1-6。

表 1-6　核桃坚果不同等级的品质指标（GB/T 20398—2006）

等级指标	优级	一级	二级	三级
外观	坚果整齐端正；缝合线平或低	果面光或较麻	坚果不整齐不端正；缝合线高	果面麻
平均果重	≥8.8	≥7.5		<7.5
取仁难易	极易	易		较难
种仁颜色	黄白	深黄		黄褐
饱满程度	饱满		较饱满	
风味	香、无异味		稍涩、无异味	
壳厚	≤1.1	1.2～1.8		1.9～2.0
出仁率（%）	≥59.0	50.0～58.9	43.0～49.9	

5. 包装

（1）包装容器。纸箱。

（2）放置衬垫物和填充物。装果之前，容器内放衬垫物（如纸张等），使果实不与内壁直接接触。为了减少果实在贮运中的损伤，在容器底部和果实空隙间加放填充物。

（3）装采方法。根据肉质软硬，可装 2～4 层或 6～7 层。长方形容器，将果实成行排列，层数以装满果箱或稍微超出为准。

（4）标签。最后在包装容器上标明品种、等级、重量及产地等。

实践二　香蕉人工催熟

1. 乙烯利催熟　将乙烯利配制成 1 000～2 000mg/kg 的水溶液，取香蕉 5～10kg，将香蕉浸泡在乙烯利溶液中，随即取出，晾干，装入聚乙烯薄膜袋后置于果箱内，将果箱封盖，置于温度为 20～25℃、湿度 85%～90% 的环境中，观察香蕉脱涩及色泽变化。

2. 对照 用同样成熟度的香蕉 5～10kg，不加处理，置于相同温度、湿度的环境中，鉴别其脱涩及色泽变化。

实践三 柿子脱涩

原理：涩柿含有较多的单宁物质，成熟后仍有强烈的涩味，采后须经过脱涩处理才可食用。涩味产生的主要原因是单宁物质与口舌上的蛋白质结合，使蛋白质凝固，味觉下降。单宁存在于果肉细胞中，食用时因细胞破裂而流出。如果将可溶性的单宁变为不溶性的，就可避免涩味的产生。当它与可溶性的单宁物质缩合时，涩味脱除。

1. 温水脱涩 取 10～20 个柿子，放在小盆中，加入 45℃温水，淹没柿子，上方施加压力，使果实不漏出水面，置于温箱中，将温度调至 40℃，经 16h 取出，用小刀削下柿子果顶，品尝其有无涩味，如涩味未脱可继续处理。

2. 石灰水浸果脱涩 用清水 50kg，加石灰 1.5kg，搅匀后稍加澄清，吸取上清液，将柿子淹没在其中，经 4～7d 取出，鉴别脱涩及脆度。

3. 脱氧剂密封脱涩 取 10～20 个柿子，密封在不透气的包装袋内，加入脱氧剂，如连二亚硫酸盐、亚硫酸盐、硫代硫酸盐、草酸盐、铜氨络合物等，将脱氧剂放在透气包装材料中，待可溶性单宁除去 5% 以上时，将密闭容器打开，将柿子贮藏在 0～20℃ 条件下，2～3d 后鉴别脱涩及脆度。

4. 高 CO_2 脱涩 将 30～40 个柿子放入密闭塑料帐中，通入 CO_2，使其浓度达到并保持在 60% 以上，40℃左右 10h；或 25～30℃ 1～3d，鉴别脱涩及脆度。

5. 自发降氧脱涩 将柿子放在 0.08mm 厚聚乙烯薄膜袋内封口，将袋放在 22～25℃ 环境中，经 5d 后，解袋鉴别脱涩、腐烂及脆度。

6. 乙烯利脱涩 取 10～20 个柿子，用 250～500mg/kg 的乙烯利喷果，室温放置 4～6d 后鉴别脱涩及脆度。

7. 酒精脱涩 用 35%～75% 的酒精喷洒柿子表面，每千克柿子用 35%～75% 的酒精 5～7mL，然后将果实密闭于容器中，在室温下放置 4～7d，鉴别脱涩及脆度。

8. 混果催熟 取柿子 10～20 个，与梨、苹果、木瓜等果实或新鲜树叶如松、柏、榕树叶等混装在干燥器中，置于温箱内，使温度维持在 20℃，经 4～7d，取出鉴别柿子脱涩及脆度。

9. 干冰脱涩 将干冰包好放入装有柿子的容器内，然后密封，24h 后将果实取出，在阴凉处放置 2～3d，鉴别柿子脱涩及脆度。处理时不要让干冰接触果实，每千克干冰可处理 50kg 果实。

10. 低温脱涩 取 10～20 个柿子，放至－20℃环境中冷冻 1d，取出解冻后，品尝其有无涩味。

【关键问题】

涂蜡是否会影响果实品质？

涂蜡是果实采后商品化处理过程中重要环节，但在提高果实亮度的同时容易引起果肉异味物质的积累，严重影响果实风味品质。

【思考与讨论】

1. 简述果品采后商品化处理的主要方法及流程。
2. 保鲜防腐剂的种类有哪些？如何使用？

【知识拓展】

1. 防腐处理的作用 果蔬采收后，为降低采后损失，延长贮藏期，可做防腐处理。

（1）延长保鲜期。通过控制水果蔬菜的呼吸，使其处于休眠状态，延缓采后生理变化，降低衰老速度，达到保持果蔬良好品质，延长保鲜期的作用。

（2）减少乙烯气体释放。防腐处理形成的膜可有效阻止氧气吸入，从而减少乙烯气体产生，减少氧化褐变速率。

（3）保持硬度。果蔬品质下降通常表现为果实硬度降低，果肉软化，口感松疏。防腐处理可抑制原果胶酶活性，延缓水果蔬菜的软化。通常可使果实的标准硬度延长两倍以上的时间。

（4）延缓叶绿素下降速度。水果蔬菜变黄是其开始完熟的重要标志，表示果蔬品质开始下降。防腐处理可延缓叶绿素下降，使其内部组织绿色保持时间延长，可延长 2～3 倍的绿色周期。

（5）减少水分蒸发。通过敷涂在水果蔬菜表面的生物微膜，可以减少果蔬水分散失，防止果皮起皱萎蔫。

（6）降低低温伤害。防腐处理形成的微膜可以保护水果蔬菜免受低温造成的损害。

（7）维持糖酸度平衡。有机酸作为果蔬呼吸基质在呼吸过程中被消耗掉，所以果蔬中有机酸含量及其在贮藏过程中的消耗速度可作为判断其成熟度的一个标志。适当的防腐处理可以维持果蔬最适合的糖酸比例，这样果蔬就可更长久地保持其新鲜度。

（8）减少擦伤褐变和封锁有害菌毒，防止传播危害，并防止发霉。防腐处理后，可起到保护果蔬表皮的作用，减少在搬运过程中碰伤和因此引起的褐变腐烂。封锁局部有害菌毒，防止传播危害相邻其他产品。

（9）增加果实光泽。能够保持果蔬的自然光泽，无蜡质感，同时还可以增加果蔬光亮度，使果实光亮艳丽，更加自然。

2. 防腐剂种类

（1）仲丁胺。简称 2-AB，有强烈的挥发性，高效低毒，可控制多种果蔬腐烂，对柑橘、苹果、葡萄、龙眼、番茄、蒜薹等果蔬的贮藏保鲜具有明显效果。

①克霉灵。含 50％仲丁胺的熏蒸剂，适用于不宜洗涤的果蔬。使用时将克霉灵蘸在松软多孔的载体上，如棉花球、卫生纸等，与产品一起密封，让其自然挥发。对霉菌、黄曲霉菌、酵母菌、乳酸菌、根毛菌、梨头菌、孢子菌等 30 余种病菌有高效的抑制作用。

②保果灵、橘腐净。适合用于能浸泡的水果蔬菜，如柑橘、苹果、荔枝、蒜薹、青椒等。按生产需要适量使用。

（2）苯并咪唑类防腐剂。苯并咪唑类防腐剂主要包括特克多（TBD）、苯来特、多菌灵、托布津等。它们大多属于广谱、高效、低毒防腐剂，用于采后洗果，可有效防止香蕉、柑橘、桃、梨、苹果、荔枝等水果蔬菜由于青霉菌和绿霉菌所引起的发霉腐烂，一般使用浓度为 0.05％～0.2％，若与 2，4-D 混合使用，保鲜效果更佳。

（3）山梨酸。山梨酸（2，4-己二烯酸）为不饱和脂肪酸，可与微生物酶系统中的巯基结合，从而破坏许多重要酶系统的作用，达到抑制酵母菌、青霉菌和好气性细菌生长的目的。毒性低，用于采后浸洗或喷洒，一般使用浓度为 2％左右。

（4）扑海因。扑海因（异菌脲）是一种高效、广谱、触杀型杀菌剂，成品为 25％胶悬剂，可用于香蕉、柑橘等产品的采后防腐处理。

（5）联苯。易挥发，能有效抑制青霉菌、绿霉菌、黑蒂腐菌、灰霉菌等多种病菌，对柑橘类水果具有良好的防腐效果。生产上通常将联苯添加到包果纸或牛皮纸垫板中，需要注意的是，用联苯处理的果实，须在空气中放置数日，待药物挥发后才能食用。

（6）戴挫霉。戴挫霉具有广谱、高效、低残留、无腐蚀等特点，适用于柑橘、杧果、香蕉及瓜类等的防腐，特别是对已经对特克多、多菌灵等苯并咪唑类防腐剂产生抗药性的青霉菌、绿霉菌有特效。

（7）二溴四氯乙烷。又称溴氯烷，广谱性杀灭、抑制真菌剂，对青霉菌、轮纹病原菌、炭疽病原菌有杀伤效果。果实抗病性越弱，防治效果越明显。二溴四氯乙烷低毒性、少残留、易挥发，处理后的果实在空气中放置 48h 后即检测不出其含量。

（8）氯气、漂白粉。氯气是一种剧毒、杀菌作用很强的气体，能杀死水果蔬菜表面上的微生物。氯气极易挥发或被水冲洗掉，因此处理过的水果蔬菜氯气残留量很少，对人体无毒副作用。但用氯气处理果蔬时，浓度不宜过高，超过 0.4％就可能产生药害。此外，还应保持水果蔬菜帐内空气循环，以防氯气下沉造成下部水果蔬菜中毒。

漂白粉是一种不稳定的化合物，在潮湿的空气中能分解生成原子氧。一般用量为每 600kg 水果蔬菜帐放入漂白粉 0.4kg，每 10 天更换一次。贮藏期间注意水果蔬菜帐内空气循环，以防下部果蔬中毒。

3. 灭虫　商业上常用的园艺产品灭虫方法有以下几种：

（1）低温处理。许多害虫都不能忍耐低温，所以可用低温方法消灭害虫。例如，出口美国的荔枝须在 1.1℃下处理 14d。

（2）高温处理。利用热蒸汽杀灭果蝇，如杧果用 43℃热蒸汽处理 8h，可控制墨西哥果蝇。热水处理防止水果害虫，如香蕉在 52℃热水中浸泡 20min，可控制香蕉橘小果蝇和地中海果蝇。

（3）辐射处理。射线辐射可减少果实害虫危害，如用 0.25kGy 的 γ 射线辐射杧果可杀死种子内部害虫。

4. 催熟　催熟是指销售前用人工方法促使果实加速完熟的技术。由于有的果实成熟度不一致，有的为了长途运输需提前采收，为了使产品在销售时达到销售标准和最佳食用成熟度及最佳商品外观，销售前需要采取催熟措施。催熟多用于香蕉、苹果、梨、葡萄、番茄、露地甜瓜等，在果实接近成熟时应用。

（1）催熟的条件。首先，果蔬必须达到生理成熟。其次，催熟一般要求较高的温度、湿度和充足的氧气，不同种类产品的最佳催熟温湿度要求不同，一般温度 21～25℃，相对湿度 85％～90％为宜。湿度过低，水果蔬菜失水萎蔫，催熟效果不佳；湿度过高，产品易染病腐烂。最后，要有适宜的催熟剂和催熟环境，催熟室气密性要好，但过量的 CO_2 会抑制催熟效果，因此催熟室要注意通风，以保证室内有足够的氧气。

（2）常用催熟剂。乙烯、丙烯、乙炔、乙醇、溴乙烷、四氯化碳等化合物对水果蔬菜均有催熟作用，其中乙烯和能够释放乙烯的化合物——乙烯利应用最普遍。

乙烯利一般使用浓度为 0.2～1g/L，如香蕉为 1g/L，苹果、梨为 0.5～1g/L，柑橘为 0.2～0.25g/L，番茄和甜瓜为 100～200mg/L。催熟时间为 24～28h，最适宜温度为 26℃，相对湿度为 85%～92%。湿度过高，乙烯利会凝结，催熟较慢，腐烂率高；湿度过低，容易萎蔫。催熟过程中每 6～8h 换气一次，使 CO_2 浓度低于 1%。

乙烯利在酸性条件下比较稳定，在微碱性条件下分解产生乙烯，发挥催熟作用。施用时可加 0.05% 的洗衣粉，使其呈微碱性并增加附着力。使用浓度因种类和品种而异，香蕉为 2g/L，绿熟番茄为 1～2g/L。

【任务安全环节】

（1）户外作业注意事项同任务一。

（2）使用果品防腐剂时，请用防护用品，以免皮肤接触。

模块二　蔬菜采收与采后处理

模块分解

任务	任务分解	要求
1. 蔬菜采收	1. 成熟度判断 2. 蔬菜采收	1. 掌握不同类型蔬菜成熟度判断方法 2. 蔬菜采收方法 3. 了解蔬菜采收机械
2. 蔬菜采后处理	1. 蔬菜整理与洗涤 2. 蔬菜预冷 3. 蔬菜保鲜处理 4. 蔬菜分级 5. 蔬菜晾晒	1. 了解蔬菜采后处理程序 2. 掌握不同类型蔬菜分级标准和方法 3. 掌握蔬菜预冷技术 4. 掌握蔬菜保鲜处理技术

任务一　蔬菜采收

【案例】

新疆辣椒实行机械采收

素有中国辣椒之乡美誉的新疆沙湾县安集海镇到处洋溢着一派丰收景象，该镇近5万亩*辣椒正式开镰收获。

在安集海镇夹河子村，一台台大型自走式辣椒收获机在田间穿梭，鲜红的辣椒地瞬间变得枯黄，几位椒农散坐在地头寒暄着一年的收成，再也不用腰酸背痛地采摘辣椒了，显得很惬意。

安集海镇夹河子村马金银说，今年辣椒价格比往年都要高一些，机收每亩120元，按人工摘6毛的话，保守的每亩1.5吨就得支付900元，还得管饭，机械采收比人工采摘费用节省780元，增收效果明显。

分析提示：请结合本案例，分析人工采收与机械采收的差异。

【知识点】

1. 蔬菜采收标准　蔬菜应根据采后用途来确定采收时期，一般用于鲜食和加工的产品器官应在充分成熟时采收；以幼嫩器官供食用的（如嫩黄瓜、茄子、豆芽、菜豆和绿叶菜类等），应在鲜嫩阶段采收；供贮藏和远距离运输的应适当早采，如番茄。

判断蔬菜成熟度的方法一般有以下几种：

（1）色泽。即在采收时应具有该品种特性的色泽，如黄瓜应在瓜皮深绿色时采收，甘蓝应在叶球颜色变为淡绿色时采收，花椰菜应在花球白色时采收。

（2）坚实度或硬度。即采收时不能过熟、过软。如莴笋、芥菜等应在叶变硬之前采收；番茄，为减少运输过程中的机械损伤和腐烂，一般在绿熟期或顶红期采收；菜豆应在幼嫩时采收，硬度不能过大；甘蓝、花椰菜等，坚实度越大，表示发育越好，达到采收的标准。

（3）糖和淀粉含量。食用幼嫩组织部位的（如菜豆、豌豆和豆薯等），在成熟过程中，糖分逐渐转化为淀粉，应在糖多淀粉少时采收；甘薯、芋头、马铃薯等要在淀粉含量多时采收，耐贮性好。

（4）植株及其产品器官的生长情况。如洋葱的假茎部变软开始倒伏，鳞茎

---

*　亩为非法定计量单位，1亩≈667m²。——编者注

外皮干燥；马铃薯地上部植株叶片变黄、枯萎、倒伏；冬瓜果皮上出现蜡质白粉；莴笋的茎顶与最高叶片尖端相平；萝卜的肉质根充分膨大等。

总之，蔬菜采收的成熟度标准在实践中应根据种类和品种的特性、生长状况、气候条件、栽培条件以及市场供求状况来综合考虑。同时，为防止产品污染，在使用农药后严禁立即采收，应经过安全间隔期后再采收。

2. 蔬菜采收技术 据联合国粮农组织调查报告显示，由于采收成熟度和采收方法不当造成机械损伤，使蔬菜损失率达8%～12%。田间不合格的采收和粗放处理，直接影响商品品质，缩短贮藏期。

（1）人工采收。人工采收是鲜销和长期贮藏蔬菜的最佳采收方法。它的优点是可以针对不同的成熟度、不同的形状及时分类、选择、采收，同时可以减少机械损伤。目前，我国人工采收工具比较原始，缺乏可操作的采收标准，采收管理粗放，致使采收质量与国外相比差距较大。如地下根茎菜类仍用手拔、锄锹挖或犁翻；叶菜类蔬菜用刀割或连根拔起；叶球、花球类蔬菜用刀割；豆类、茄果类蔬菜用手采等。

（2）机械采收。机械采收可以节省人力，提高采收效率，但采收的产品质量差，例如，机械采收的果实，往往会折断果梗并增加机械损伤，因此，作为鲜食和长期贮藏的蔬菜不宜采用机械采收。国外利用机械采收某些适宜的蔬菜类型和某些用于加工的品种。按照可用机械采收的程度进行蔬菜种类分类如表1-7所示。

表 1-7 按照可用机械采收的程度进行蔬菜种类分类

可采收程度	蔬菜类型
实现	马铃薯、短根性蔬菜、洋葱、大蒜等
基本实现	长根性蔬菜、叶球类、大部分绿叶菜类、蚕豆、芋、甘薯
以专用品种并改变栽培方式后可实现大部分靠人工采收	石刁柏、西瓜、加工黄瓜、加工番茄、深根性葱
完全人工采收	鲜食黄瓜、鲜食番茄、辣椒、爬蔓豆类、莲藕等

蔬菜成熟期较一致，适于一次性采收，且田间采收面较平，适合机械采收。地下根茎类蔬菜是最适合机械采收的蔬菜，采收机械由挖掘器、收集器及分级装置、运输带等组成，采收效率极高。甘蓝和芹菜、叶用莴苣也可用机械收割。果菜类则可用机械收割，然后清除枝叶，获得果实；也可用振动落果或疏果的方法进行机械采收。番茄、马铃薯和辣椒的机械采收分别如图1-12、图1-13和图1-14所示。

图 1-12　番茄机械采收

图 1-13　马铃薯机械采收

图 1-14　辣椒机械采收

3. 蔬菜采收实例

（1）叶类菜、花菜。除菠菜外，一般均需要多次采收。甘蓝与大白菜等结球蔬菜在采收时，用刀将叶球从茎盘上割下来，叶球外面留2～3片叶保护叶球。芹菜收获时一般自根部切下，去掉黄叶和根，让其叶柄在基部连在一起，而不分散。花椰菜和青花菜在收获时，用刀将花球割下，花椰菜花球周围的叶应剪短些；青花菜花球的茎留长些，并带有2～3片小叶。多年生的韭菜，收割时叶鞘基部要留5cm左右，不能割得过低，否则会伤害叶鞘的分生组织和幼芽，影响后期产量。

（2）根菜、茎菜和果菜。萝卜、胡萝卜在采收时，先将土弄松，然后拔出，有些萝卜可以带些叶出售，但大部分将叶去掉。地下块茎类菜大多用锄挖刨，应避免损伤。马铃薯收后应摊晾1～3h，使块茎表面水分散失，有利于伤口愈合。洋葱、大蒜采收多是连根拔起，并晾晒3～4d，使外皮干燥，伤口愈合。果菜类（如菜豆、黄瓜和番茄等）要用手摘，轻拿轻放，避免损伤。豇豆摘荚应留荚的基部1cm左右，免伤花序。

【思考与讨论】

1. 简述不同类型蔬菜成熟度的判断方法。
2. 不同类型蔬菜采收的方法及应注意的问题有哪些？

【知识拓展】

主要蔬菜采收标志

（1）结球甘蓝及大白菜。通用的成熟标志是叶球的紧实度。但过于紧实的叶球有可能在贮藏中破裂，引起腐烂。晚熟品种作贮藏用的须在霜冻之前采收，以免冻伤。

（2）菜豆及豇豆。豆荚绿色，饱满肥嫩时为最适采收期。豆荚开始木质化，紧缩黄化，种子明显凸出时，表明最佳的食用品质已过。

（3）西瓜、甜瓜。最好的采收标志是可溶性固形物含量（TSS）。TSS依品种而有差异，好的西瓜品种TSS可达13°以上。西瓜的比重在0.90～0.95为成熟的标志，大于0.95表示西瓜未熟，小于0.90表示西瓜过熟。西瓜的成熟标志还有果面蜡粉发达，光泽好，手感凹凸明显，接近地面部位由白色转为蜡黄色，脐部凹陷等。网纹甜瓜的果皮硬度大，普通甜瓜的果肉硬度小均表示成熟。

（4）番茄。果面色泽为最主要的采收标志。根据果面色泽及硬度可分为青熟期、转色期（果顶转乳白色）、顶红期、半红期及坚熟期、软熟期等。长期贮藏以转色期最好。鲜销要求在半红到坚熟期。加工用番茄还要采用茄红素含量及 TSS 两项化学指标。

【任务安全环节】

（1）户外实验实践时要穿着适于活动的衣服和鞋袜。

（2）须长时间在阳光下操作时，可在遮盖物下工作，并使用个人防护衣物/器具/帽子。

（3）高温长时间户外操作时，要适当休息，并饮用合适的饮料，补充失去的水分及盐分。

（4）采收机械使用过程中，要避免刀刃等利器碰伤。

任务二　蔬菜采后处理

【知识点】

1. 整修与洗涤　蔬菜不论用人工采收，还是机器采收，在进行分级和包装以前都要先进行洗涤整修，去掉产品上的尘垢、沙土、泥土、病斑、虫眼以及损伤、腐烂的部分。结球白菜、甘蓝、莴苣、花椰菜、青花菜等要除掉过多的外叶并适当留有少许保护叶；萝卜、胡萝卜、芜菁、甘蓝要修掉顶叶和根毛；芹菜要去根，有些还要去叶；马铃薯、山药、藕还要除去附着在产品器官上的污垢。通过清洗、整修，不但可改善产品的外观，而且作业简便易行。蔬菜采后的各项处理作业中，清洗是最先采用机械的，随着蔬菜超级市场特别是加工小包装和方便型即食小包装的出现，已相继推出具有清理、洗涤、去皮、切断、包装等多功能的复合型清洗整理设备。

2. 预冷

（1）预冷的意义。蔬菜采收以后，同果品和花卉一样，需要在运输或贮藏前迅速除去从田间携带的热量，使蔬菜组织温度降低到一定程度以延缓代谢速度，防止腐败，保持蔬菜的品质。快速除去田间热对新鲜蔬菜在生物学和经济学上都有好处，既能延缓后熟，又能减少加工过程中的质变，还能够有效地节省在贮藏或运输中所必须的机械制冷负荷。

易腐产品（如菜豆、叶菜类、蘑菇、豌豆、芦笋、花椰菜、甜玉米、甜瓜等）贮藏期短，因此收获后的预冷只能以小时计；不太容易腐败的蔬菜商品预冷通常以日计。

（2）预冷概念。田间热是指产品从田间带入贮藏室的热量。如果田间温度比贮藏室温度高，当产品进入贮藏室后，本身所带的热量就会向贮藏室释放，直到体温降低到与贮藏室相同温度水平。产品释放的田间热可以用下列数学公式计算：

$$H_f = SDW$$

式中，H_f 为产品田间热，kJ；S 为产品质量热容，kJ/kg；D 为产品要降低的温度，℃；W 为产品质量，kg。

上式表明，在产品确定条件下，田间热与产品质量和下降温度呈正相关。因此，对于小规模生产，产品数量少，田间热很快释放至环境中，不会使产品维持在较高体温状态，可以不用采取降温措施；对于大规模生产，一次采收产品数量多，堆积在一起，田间热无法散失，再加上呼吸作用释放的热量，不仅造成产品局部温度过高，而且使贮藏室温度升高，不利于保持产品品质和贮藏，必须采取措施散热。

预冷是在产品贮藏运输前，迅速将产品温度降到规定温度的措施或技术。规定温度应根据产品种类、品种而异，一般以接近该产品贮藏温度为标准，多为 $-1 \sim 10℃$。预冷与一般冷却不同，预冷要求降温速度快，采后 24h 内降温，而且越快越好。

预冷后，散去了田间热，产品体温大幅度降低，产品生理活动和新陈代谢水平降低，因此产品不易发生败坏，同时对贮藏室环境温度影响不大，可降低贮藏成本。预冷是大量产品贮藏运输前必须进行的一个预处理环节，尤其在园艺产品冷链流通中更为重要，是整个冷链流通的第一环节。预冷应在产地进行。

（3）预冷的方法

①冰触法。欧美一些国家在 20 世纪初开始用天然冰预冷，称为冰触法。冰触法是将碎冰放在包装的里面或外面，这种冷却可与运输同时进行，冷却时还能保护蔬菜的含水量，并有较多的氧气。莴苣以冰触法预冷时，冰铺在蔬菜上面称为顶触预冷，例如，一个包装箱装 25kg 莴苣和 12kg 的冰。花椰菜、甜玉米、芹菜、胡萝卜等蔬菜的预冷还可通过液冰或从包装箱上的孔口冲冰水。

②水冷法。以冷水（通常为冰水）流过蔬菜使之直接冷却的方法称为水冷法，可防止蔬菜萎蔫，有时还可加入消毒剂（$50 \sim 100$mg/L 的次氯酸）杀菌。甜玉米、芹菜等可利用水冷法预冷。

③真空预冷法。真空预冷是利用水在减压下的快速蒸发以吸收蔬菜组织中的热量并使产品迅速降温的方法。当气压降到常压的 1/2 时，水在 0℃ 下即可沸腾。此法适用于表面积与体积比相当大的蔬菜，如莴苣、菠菜等。真空预冷过程中每降温 6℃，蔬菜表面则需要喷水以防止蔬菜失水造成的品质降低。真空预冷效率高，但相应的设备成本较高。

④冷库预冷法。冷库预冷是新鲜蔬菜直接放入贮藏冷库的预冷方法。此法不需特殊设备，易于进行。但此法冷却速度慢，26℃下采收的蔬菜产品在4℃的冷库中至少要经过4～5d的时间才能降至库温，26～27℃下采收的花椰菜和青花菜在1～2℃的冷库中1d后才降到15℃，2d后降到9℃，3d后才降到4～6℃。

⑤强制空气预冷法。强制空气预冷或称压差预冷，是在冷库内用高速强制流动的空气，通过容器的气眼或堆码间，以迅速带走蔬菜中的热量的方法。强大的流动气体易使蔬菜失水，必要时要加湿或喷雾，所以不适用于叶菜类。茄果类、豆类多用此法。

压差预冷包装箱要有一定的通风面积，一般用开孔塑料箱或开孔纸箱。为了保证纸箱的强度和足够的通风面积，纸箱长宽之比不大于2.5：1，高宽之比既不能大于2：1，也不能小于0.25：1。为了使有限的开孔面积更有效地通风，风孔的多少、形状、大小和位置都要进行科学计算，一般横面开1～2个孔，长面开2～3个孔，横面和长面的通气孔必须要对齐。

进行压差预冷时，为了使冷风均匀地进入每一个包装箱，有效地将蔬菜热量带走，除设备原因外，蔬菜的堆码也很关键。堆码要求是，除包装箱通气孔、菜间缝隙以外，其他地方都不要留有缝隙，这样可以防止跑风降低风压。压差预冷时，一般通过蔬菜箱垛的空气流量越大，蔬菜的冷却速度越快，但是冷库温度一定要合适，一般要求压差预冷的库温比冷库预冷高1～2℃。

⑥真空预冷。真空预冷必须要有坚固、气密性好的真空设备，将产品置于真空设备中，关闭开口以及阀门，迅速抽出容器内的空气和水蒸气，使产品表面水分在真空负压下迅速蒸发，带走田间热，通过排气阀门将田间热排出容器。真空预冷的基本工作原理是，大气压力降低，水的沸点也相应降低，水分蒸发加快，使得热量迅速从产品体内向外扩散，降低产品温度。水在$1.013×10^5Pa$下，100℃才能沸腾，当压力降到533.3Pa时，0℃就可以沸腾，水分蒸发速度显著加快。

真空预冷具有降温速度快，预冷效果好，操作简单等优点，如莴苣、甜玉米、龙须菜、花椰菜等只需20～30min便可达到预冷效果。对易发生品质变化的产品，如草莓、蘑菇以及有些花卉，预冷效果也不错。但真空预冷容易使产品变形，仅适合比表面积大的产品，如绿叶菜、内部真空的辣椒、苦瓜以及花茎中空的唐菖蒲、非洲菊等产品，真空预冷会将腔体或花茎中的空气抽出，使产品凹陷，降低外观品质。除此之外，真空预冷还易使产品失水过多，引起产品萎蔫失鲜。据研究，每降低5～6℃，失水占菜体质量可达1%，从30℃降到5℃，失水达4%，在真空罐上安装喷雾装置，可以解决产品失水问题。

（4）预冷的技术参数。蔬菜预冷过程中常用"半冷却时间"作为衡量不同预冷方法的预冷效率的相对指标，其含义是产品从降温前的平均温度，降至与冷却介质的温度之差为一半时所需的时间（表1-8、表1-9），产品和包装不同，半冷却的时间相差较大，冷却效果受诸多因素影响，如产品体积、产品受冷却介质影响的程度（堆码和包装）、产品与介质之间的温度之差、冷却介质的速度、冷却介质的种类等。

表1-8　水冷却速度

产品	包装	半冷却时间（min）	产品	包装	半冷却时间（min）
朝鲜蓟	无包装	12.8	芹菜	无包装	13.4
	板条箱，无盖	15.5			
石刁柏	无包装	1.1	甜玉米	无包装	20
	板条箱，无盖	2～2.2		金属框板条箱	28
花椰菜	无包装	5	带荚豌豆	板条箱	5.7
	有衬垫，板条箱	4.3			
抱子甘蓝	无包装	3.4	马铃薯	散堆	11
	板条箱，无盖	4～4.8			
甘蓝	散（混合）堆	69	小萝卜	板条箱，无盖	2.7
	纸板箱，无盖	81			
胡萝卜	无包装	3.8	番茄	散堆	11
	25kg包装	4.4			
青花菜	无包装	12.5			

注：选自《蔬菜商品学》。

表1-9　不同冷却方式的冷却速度

冷却方式	产品与包装方法	半冷却时间（min）
水冷却	浸没的甜瓜（直径13cm）	20
	浸没的芹菜、石刁柏	2～5
真空冷却	莴苣	3～4
	结球莴苣	12
	蘑菇	6～8

注：选自《蔬菜商品学》。

（5）预冷的原则

①采收的产品要尽早进行预冷处理。应根据产品特性选择最佳的预冷方

式，一次预冷的数量要适当，要合理包装和堆码，尽快使产品达到预冷要求的温度。

②掌握适当的预冷最终温度和预冷速度。一般各种产品的冷藏适宜温度就是预冷最终温度的大致标准。还可以根据销售时间的长短、产品生理生化变化的快慢以及易腐性等来适当调整最终温度，同时预冷要注意防止产品的冷害和冻害。

③产品预冷后要及时在适宜温度下贮藏。若产品仍在常温下进行运输贮藏，不仅达不到预冷的目的，甚至会加速腐烂变质。

④选择适当的预冷方式。一般对水果多采用强制通风预冷，根茎菜多选用水预冷，叶菜类较适宜真空预冷。

3. 保鲜处理

(1) 表面涂剂。有些果菜如番茄、黄瓜、甜椒采收后为了减少水分损失，防止皱缩和凋萎，可在果实表面涂一层蜡质或其他被膜剂加以保护，这种处理方法为表面涂膜，如打蜡。打蜡的蔬菜还可增加光感，改善果实的色泽，增进感官品质。实践证明，打蜡果实可减少50%的水分损失。芜菁、芜菁甘蓝、甜瓜和甘薯在国外也常打蜡。

表面涂剂也可用塑胶、淀粉膜、果胶等其他高分子化合物。

(2) 辐射处理。用γ射线和β射线照射新鲜蔬菜，可以延长贮藏寿命。辐射处理的方法、作用、效果如表1-10。γ射线照射，可以抑制新鲜蔬菜（如块茎、鳞茎）的发芽，抑制蘑菇破膜、开伞，调节果实的成熟度，对蔬菜表面杀菌、杀虫、杀卵等。

表 1-10　辐射在蔬菜商品处理上的利用

利用目的	适宜剂量（Gy）	作用	方法
抑制发芽	50～500	防止马铃薯、洋葱、蒜、胡萝卜等发芽、发根和抽薹	可以在休眠期内照射，马铃薯未成熟前收获后立即照射时，易在维管束周围褐变
调节成熟度和组织软化等	500～5 000	促进或抑制果实后熟、石刁柏组织软化等	具有呼吸跃变期的果实照射后可抑制后熟
表面杀菌	1 000～10 000	蔬菜特别是果菜类表面杀菌后暂时保存	伴随照射剂量的不同能够引起各种生理学变化
完全杀菌	10 000 以上	加工蔬菜杀菌和改进品质等	照射会引起各种化学变化并发生照射异臭，这些副反应可因加去氧气、用惰性气体置换、加入自由基受体、冻结、照射等而减轻

上海科技大学射线应用研究室对马铃薯用 1 000Gy 的 ^{60}Co γ 射线进行辐射处理，贮藏 30d 马铃薯无发芽，烂耗仅 8%。天津市食品辐射保藏协作组试验，用 15 000Gy 的 γ 射线照射，马铃薯可保存 3 年，洋葱、大蒜可保存 11 个月。

（3）化学制剂处理。为了减少产品损耗，改善产品外观，可用化学制剂进行处理。在清洗蔬菜的水中加入低浓度的漂白粉，可以减少许多蔬菜病害蔓延。例如，胡萝卜、萝卜、番茄、甜椒等可以用 100～200mg/L 的次氯酸钙处理，马铃薯、黄瓜、蒜薹等用仲丁胺（2-AB）60mg/kg 熏蒸 12h 可减少腐烂。番茄采用赤霉素处理可以推迟成熟，增加贮藏时间。青鲜素可以防止洋葱、萝卜、胡萝卜、马铃薯发芽。5～10mg/L 的苄基腺嘌呤（BA）可使蔬菜保持绿色和鲜活状态，主要用于莴苣、芥菜、芹菜、芦笋、甘蓝等。各国卫生防疫部门对蔬菜上使用化学制剂处理有极严格的规定，上述用法只是报道中列出的参考方法，在实际使用时必须按照立法要求进行，具体可参见联合国和我国农业农村部对水果农药残留的限量标准。

4. 分级与包装 分级是指不同蔬菜种类根据产品器官的形态特征、品质指标，将质量、大小不同规格的蔬菜产品分成不同的等级。分级通常和包装一起进行。发达国家在产地的分级包装间都配有二氧化碳洗涤器、分选机、翻箱机、包装机、制冷设备、清洗机、检验台，以及气体、温度、湿度等检测仪器。

分级是蔬菜长距离运输的基础，能增进商品价值。它有两个明显的作用：第一，完全除去了不满意的部分，减少了包装后的病害蔓延；第二，消除了产品因大小、外观缺陷造成的不整齐现象，等级分明，不必翻动挑拣，避免造成损伤。

分级标准可按质量和大小进行，世界各国都有不同的规定。如美国、加拿大、澳大利亚和以色列等国使用同一标准，该标准也被经济合作发展组织（OECD）所采纳，并作了详细说明，标准中的大部分是由欧洲经济委员会（ECE）制定。

欧洲经济委员会已经出版了《日内瓦水果和蔬菜标准化条约》，称为"欧洲标准 8/RCV1966"，并依据它对各种果蔬制定了 30 多种标准。分级标准在国际上应尽量一致，这给生产者提出了目标，为经营者提供了标准。

（1）按重量和大小分级。由于蔬菜产品器官在不同种类、品种、变种之内存在着相当大的差别，因而按照大小分级依据的标准各异，可依据整个产品，产品的某个部位的直径、重量、体积、长度、密度进行。选择一个特定的参数作为制定大小分级的依据后，其他有关参数就在一定范围内被固定下来了。

欧洲经济委员会分级原则是按最大直径分级，可显著提高分选效率。20世纪70年代末，工业电视微处理机的应用，使分级分选进入程序化、数字显示化和自动化阶段。光电式分选和微处理机配合使用提高了分级作业的效率和精度。复合式光电选果机利用脉冲计量果实纵截面直径，帘形射线计量横截面直径，两个参数和设定参数对比进行分级，适合番茄、黄瓜、茄子等蔬菜。

表皮颜色分选机是利用被检果实表皮颜色与其内在质量（含糖量、含酸量、维生素等）的相关性进行分级，如番茄、花椰菜、马铃薯、莴苣、豆类、芦笋、大蒜等；按重量分级的有莴苣、甘蓝；按最大直径或重量分级的有胡萝卜；按最大横截面积和长度分级的有婆罗门参和辣椒。

（2）按质量分级。欧洲经济委员会介绍的质量等级有：特级、Ⅰ级、Ⅱ级，这些等级全部或部分地用来表示每种产品的质量等级。当产品不符合标准中的最低等级标准时，不能参加国际贸易，但可以送入加工厂利用。

分级有人工操作和机械操作两种方式。人工分级必须掌握分级标准，熟悉分级技术，以分级板、比色卡等为工具，常和包装同时进行。人工分级效率低，误差较大，但产品受到的损伤小。机械分级则相反，由于蔬菜种类、品种繁多，大小质地差异较大，很难设计出通用的分级机械设备。

（3）蔬菜分级装置。20世纪50～60年代用机械分级的装置分选项目较少，只适用于重量、形状等方面的分级。20世纪70年代研制和推广了电、光技术的分级方法，主要是借助光纤束导使反射光经过干涉光学显微镜后再由光敏晶体管鉴别，测出强度，根据原定级别，由分级自动线上的移位寄存器决定出不同级别的排出口。

5. 晾晒

（1）晾晒的作用。采收下来的果实，经初选和药物处理后，置于阴凉、干燥、通风良好的地方进行短期贮藏，称为晾晒，也称为预贮。晾晒对于提高如柑橘、哈密瓜、大白菜及葱蒜类蔬菜等产品的贮运质量非常重要。

大白菜是我国北方冬春两季的主要蔬菜，含水量很高，如果采后直接贮藏，容易出现机械损伤，贮藏过程呼吸强度大，脱帮、腐烂严重，损失较大。生产实践证明，大白菜采后进行适当晾晒，当其外叶弯而不折，失重5%～10%时再入贮，可减少机械损伤和腐烂，提高贮藏品质，延长贮藏时间。但如果大白菜晾晒过度，不但失重增加，促进水解反应的发生，还会提高乙烯的产生量，从而促进离层产生，脱帮严重，降低耐贮性。

洋葱、大蒜采后适当晾晒，会加快外部鳞片干燥，使之成为膜质保护层，可抑制产品组织内外气体通透，减少失水，加速休眠，有利于贮藏。此外，对马铃薯、甘薯进行适当晾晒，对贮藏也有好处。

（2）晾晒的方法。大白菜砍倒后，在田间晾晒 2～3d，同时要翻晒 1～2 次。使外叶失去一部分水分，组织变软，以减少机械损伤，提高细胞液浓度和抗寒力。晾晒要适度，晾晒的标准为达到菜棵直立，叶球的外部叶子干萎柔软失去脆性为宜，如晒菜过度，组织萎蔫，会促进脱帮。

【任务实践】

实践一 蔬菜采后预冷

（1）材料。叶菜类如白菜、芹菜等。

（2）冰触预冷技术。

实践二 蔬菜采后保鲜处理

（1）材料。胡萝卜、番茄、甜椒等。

（2）使用氯酸钙、青鲜素、BA 等喷淋处理，观察保鲜效果。

实践三 蔬菜分级

（1）材料。大蒜、胡萝卜等。

（2）人工分级。

【思考与讨论】

1. 简述蔬菜采后商品化处理的主要方法及流程。

2. 简述蔬菜采后预冷的作用及方法。

3. 蔬菜保鲜剂处理的方法有哪些？

【知识拓展】

1. 蔬菜清洗机类型

（1）辊轴刷式清洗机。由一对上下配置、转动速度不同的辊轴组成，辊轴上装有毛刷或海绵状橡皮刷，依靠水和毛刷洗涤外形不太复杂的根菜类蔬菜，还可除去根菜类的根毛，洗涤胡萝卜、萝卜时的效率可达到 1 500～3 000kg/h。

（2）滚筒式清洗机。由一个网状旋转的圆筒组成，依靠蔬菜在筒中来回滚动互相摩擦清洗。

（3）剥皮清洗机。以快速辊子为主要部件，旋转两周就可完成剥皮或清洗。洋葱剥皮时使用压缩空气作工作介质，使压缩空气吹入葱皮孔隙、旋转时把皮剥下；胡萝卜、山药洗涤时则用水作介质。

（4）喷射式清洗机。蔬菜放在网状输送带上，在输送过程中受到高水压的冲洗，这种方法用于清洗形状不规则的蔬菜。

（5）超声波清洗装置。由设置在水中的高频振源产生压力，使蔬菜表皮上的污物脱落，适用于叶菜等形状复杂的一类蔬菜。

【任务安全环节】

（1）户外作业注意事项同任务一。

（2）果品防腐剂使用过程中注意做好防护，切忌入眼。

模块三　观赏植物采收与采后处理

模块分解

任务	任务分解	要求
1. 观赏植物采收	1. 鲜切花采收 2. 盆花类植物采收 3. 种球类植物采收 4. 种苗类植物采收 5. 种子类植物采收	1. 掌握不同类型观赏植物采收标准 2. 掌握不同类型观赏植物采收技术
2. 鲜切花保鲜处理技术	1. 预处液处理技术 2. 催花液处理技术 3. 瓶插液处理技术	1. 掌握鲜切花保鲜剂的配置方法 2. 掌握鲜切花保鲜剂的使用方法
3. 观赏植物产品分级和包装技术	1. 观赏植物分级技术 2. 观赏植物包装技术	1. 掌握观赏植物分级技术 2. 掌握观赏植物包装技术

任务一 观赏植物采收

【讨论】

图1-15 为满足元旦、春节期间鲜花市场的需要，红塔区高仓镇
中阳花卉公司基地的员工正在抓紧采摘、包装鲜切花

花卉采收的标准是什么？采收方法有哪些？

【知识点】

1. 鲜切花采收 鲜切花是自活体植物上剪切下来专供插花及花艺设计用的枝、叶、花、果的统称，包括鲜切花、切叶、切枝和切果等。

（1）采收标准。鲜切花采后要经历蕾期到充分开放和充分开放到成熟衰老两个不同阶段。适时采收可使鲜切花保持较长时间的新鲜状态。通常采切越晚，切花的瓶插寿命越短。商品鲜切花采收因植物种类、品种、气候、环境、季节、市场距离远近、用途等不同而异。产品到达消费者手中应呈现最佳状，且有较长的货架期。

夏季鲜切花应在早期发育阶段采收；冬季则应适当晚一些采收，以保证其在花瓶中能正常发育。用于本地直接销售的可适当晚采；远距离运输或者长期贮藏的要适当早采。在能保证鲜切花花蕾正常开放的前提下，应在蕾期采收。但有的鲜切花采收过早，花朵不能正常开放，或容易枯萎。如非洲菊和月季采收过早会发生"弯颈"现象，月季是因为花茎维管束组织木质化程度不够，支撑结构没有完全成熟；非洲菊是因为花茎中心空腔结构没有完全形成。满天星在成熟度不够时采收，重量轻，产量低，价格低。采收过晚，寿命降低，流通损耗增大。适于蕾期采收的有香石竹、月季、菊花、唐菖蒲、小苍兰、翠菊、鸢尾、百合、金鱼草、霞草、郁金香、鹤望兰等。不适宜蕾期采收的有热带兰、火鹤花、大丽花等。表1-11为10种鲜切花采收标准。

表1-11　10种鲜切花采收标准

名称	用途			
	远距离运输	兼做远距离运输和近距离运输	就地批发销售	尽快出售
亚洲百合	基部第一朵花苞已经转色，但未充分显色	基部第一朵花苞充分显色，但未充分膨胀	基部第一朵花苞充分显色和膨胀，但仍紧抱	基部第一朵花苞充分显色和膨胀，花苞顶部已经开绽
菊花	舌状花紧抱，其中一两个外层花瓣开始伸出	舌状花外层开始松散	舌状花最外两层都已开展	舌状花大部分开展
香石竹	花瓣伸出花萼不足1cm，呈直立状	花瓣伸出花萼1cm以上，且略有松散	花瓣松散，小于水平线	花瓣全面松散，接近水平
小苍兰	基部第一朵花苞微绽开，但较紧实	基部第一朵花苞充分膨胀，但还紧实	基部第一朵花苞开始松散	基部第一朵花苞完全松散
非洲菊	舌状花瓣基部长成，但未充分展开，花蕊管状雌蕊有2轮开放	舌状花瓣充分展开，花蕊管状雌蕊有3～4轮开放	舌状花瓣大部分开放，管状花花粉开始散发	舌状花瓣大部分开放，管状花花粉大量散发
唐菖蒲	花序最下部1～2朵小花都显色而花瓣仍紧卷	花序下部1～5朵小花显色，小花花瓣未开放	花序最下部1～5朵小花都显色，其中基部小花略呈展开状态	花序下部7朵以上小花露出苞片并都显色，其中基部小花已经开放
满天星	小花盛开率10%～15%	小花盛开率16%～25%	小花盛开率26%～35%	小花盛开率36%～45%
补血草	花朵充分着色，盛开率30%～40%	花朵充分着色，盛开率40%～50%	花朵充分着色，盛开率50%～70%	花朵充分着色，盛开率71%以上
月季	花萼略有松散	花瓣伸出萼片	外层花瓣开始松散	内层花瓣开始松散
郁金香	花苞发育到半透色，但未膨胀	花苞充分显色，但未充分膨胀	花苞充分显色和膨胀，但未开绽	花苞充分显色和膨胀，花苞顶部已经开始开绽

注：引自中华人民共和国行业标准（1997）。

（2）采收时间。鲜切花采收时间可分为上午、下午或傍晚采收。

上午采收：切花可保持高的细胞膨压，即含水量最高，可减少采后萎蔫现象的发生。但因上午露水多，鲜切花较潮湿，易感染真菌病害。大部分鲜切花适宜上午采收，尤其是月季等采后失水快的种类。为减少鲜切花失水，采收后应立即将其放入清水或保鲜液中，并尽快预冷入库。尽量避免在高温、强光下采收。对乙烯敏感的鲜切花种类，田间采收后可先放入清水，转到分级间后再用银盐剂处理。

下午采收：经过一天光合作用，积累了较多的糖类，鲜切花质量相对较高，但由于温度比较高，鲜切花容易失水。

傍晚采收：夏季最适宜的采收时间是晚上 8 时左右。因为经过一天光合作用，鲜切花茎中积累了较多的糖类，质量较高，但会影响当日销售。

（3）采收方法。一般是用锋利的刀剪把花茎从母株上剪切下来。如果鲜切花采后立即放入水中或保鲜液中，采收方法对鲜切花寿命影响不大。木质花茎剪切时剪口要呈斜面，以增加花茎吸水面积，草质茎类鲜切花除了切口导管吸水外，还可通过外表皮组织吸水，所以斜面切口不是必需的。剪切时切口要平滑，避免压破茎部引起含糖汁液渗出，进而引起微生物侵染，微生物本身及其代谢物会造成茎部堵塞。采收时尽可能使花茎长些，应选在靠近基部花茎木质化程度适度的地方剪切。

2. 盆花类植物采收　盆花类植物包括盆栽观花植物和盆栽观叶植物。前者是指栽植于花盆等容器中以观花为主的观赏植物，后者是指栽植于花盆等容器中以观叶为主的观赏植物。通常盆花类植物的生长发育进程比鲜切花缓慢，采收期的确定较为灵活，可根据盆花的生长发育阶段、市场需求以及经济效益等确定采收期。因此，盆花类的采收标准实际上是确定了最佳盆花上市标准。常见盆花上市标准见表 1-12。

表 1-12　常见盆花上市标准

盆花名称	上市标准
金合欢属、光萼凤梨属、卡特兰属、风铃草属、倒挂金钟、果子蔓属、凤仙花属、天竺葵属、报春花属、月季、鹤望兰、马蹄莲	植株开始开花
龙舌兰属、花叶万年青属、龙血树属、柑橘属、变叶木、苏铁、绿萝、垂叶榕、竹芋属、仙人掌属、石竹属、芦荟属、天门冬属、吊兰属、铁线蕨属	植株在盆中良好形成
火鹤花	植株具有 2～3 朵已发育花朵

（续）

盆花名称	上市标准
落新妇属	花序开始显色
杜鹃花	植株 1/4～1/3 的花朵开放
叶子花属	植株 1/2～3/4 的花朵开放
蒲包花属	植株 1/3～1/2 花蕾开放
袖珍椰子属、散尾葵属	植株在盆中良好形成，土球外可见到根系
菊花	用于直接销售的植株开始开花时上市，用于远距离运输的植株在 3/4 的花朵充分发育时上市
瓜叶菊属	1/4～1/3 花朵开放；若能见到花粉出现，植株已经过老，这样的盆花不宜上市
君子兰	植株花蕾形成
仙客来	植株大部分处于花蕾阶段
一品红	植株在盆中良好形成，花朵开始显色
金橘	植株在盆中良好形成并已挂果
非洲菊	至少一朵花开放
风信子、郁金香	花蕾显色期
百合属	花蕾显色并膨胀

注：引自胡绪岚，1995。

盆栽观花植物有的适宜在蕾期上市（如君子兰在花蕾开始形成阶段，风信子在花蕾显色阶段，百合在花蕾显色并膨胀阶段，郁金香在花蕾上色期），有的适宜在刚开始开花阶段上市（如月季、鹤望兰、天竺葵等），杜鹃花适宜在 1/4～1/3 的花朵开放时上市。对于长途运输的盆花，应比上述标准稍早些采收。

盆栽观叶植物可根据市场需求、不同发育阶段及植株大小出售，灵活性比观花植物大，大部分在盆中形成良好植株即可上市。幼小的观叶植物应生根良好，在盆中不能松动或易于从生长基质中拔出。根系不发达的植株在采后处理中易于失水和干枯，且对运输期间不良环境条件抵抗力弱。

3. 种球类植物采收 种球类植物是指具有膨大的根或地下茎的多年生草本植物。种球具有贮藏养分、保护和保存芽体及生长点的功能，当地上部枯萎后，地下的球根以休眠状态渡过不良季节。

（1）采收时期。必须在种球达到成熟期才可采收，可通过测量种球直径、花芽大小、最少叶片数等方法确定种球成熟期。采收过早，种球不充实，将影响贮藏期间的花芽分化；采收过晚，春植种球（如大丽花、唐菖蒲等）容易受冻害，可将开始下霜作为春植种球采收的信号，秋植种球（如郁金香、风信子等）因遇雨季会造成种球腐烂，所以当叶片完全枯黄时就可以采收。常见球根花卉种球采收适宜时期见表 1-13。

表 1-13　常见球根花卉种球采收适宜时期

花卉名称	采收时期
美人蕉	茎叶大部分枯黄
大丽花	地上部完全凋萎、生长停止
小苍兰	3～4 月进入休眠后
唐菖蒲	叶片 1/3 变黄
水仙	地上部逐渐枯萎，开始进入休眠
晚香玉	秋末霜冻前
花毛茛	地上部枯黄进入休眠
马蹄莲	植株完全休眠

注：引自北京林业大学园林系花卉教研组编《花卉学》，1988。

（2）采收方法。分为人工采收和机械采收。

采收应选晴天，土壤湿度适宜时进行。采收过程中要防止人为的品种混杂，并剔除病球、伤球。掘出的种球，去掉附土，表面晾干后贮藏。

4. 种苗类植物采收　不同种或品种，或同一植物的种苗，其发芽需要的时间、发育生长的速度都不一样，而种苗必须长到一定大小才能出苗。出苗太早，尚未形成良好的根系，会影响种苗移栽后的成活率和生长势；出苗太晚，贮藏品质下降，运输不便。种苗出苗尤其是工厂化育苗出苗时间依市场需求而定，比较灵活，但必须达到一定标准和指标，如苗高、叶片数和地径等。常见花草种苗出苗时间见表 1-14。

表 1-14　常见花卉种苗出苗时间（天）

花卉名称	穴盘型号			
	800	406	288	128
藿香蓟	4～5	5～6	6～7	7～8
鸡冠花	4～5	5～6	6	6
仙客来	—	—	—	7～8
大丽花	—	4～5	5～6	6～7
半边莲	5	5	7	7

（续）

花卉名称	穴盘型号			
	800	406	288	128
矮牵牛	4～5	5～6	6～7	7～8
大花马齿苋	5～6	6～7	7～8	7～8
一串红	4～5	5～6	6～7	7～8
马鞭草	4～5	5～6	6～7	7～8
三色堇	4～5	5～6	6～7	7～8

5. 种子类植物采收　种子指从胚珠发育而成的繁殖器官，种子的采收就是从植株上获得种子的过程。采种主要的技术环节包括选择母株、确定采收期和合理的采收方法。

（1）采收母株的选择。选择本地或与本地气候、土壤条件相似地区的母株采种。母株应具有所需品种的观赏性状，如花、果或叶等观赏部位的颜色、类型、观赏期等，而且要生长健壮、无病虫害。大量采种需要有专门的种植区，对于容易混杂的品种，种植区要有隔离设施。

（2）采收成熟度的确定。种子成熟度要根据种子的成熟期和脱落习性而定。种子成熟包括生理成熟和形态成熟。当种子发育到一定程度，内部积累了一定的干物质，种胚具有发芽能力时，即达到生理成熟。生理成熟的种子含水量高，干物质积累不充分，种皮软，干后收缩，粒重低，不利于贮藏。用这类种子培育的幼苗，生长势多较弱。当种子外部形态表现出物种成熟时固有特征时，即达到形态成熟。形态成熟的种子含水量较低，营养物质积累接近终止，种皮竖韧致密。形态成熟的种子已发育健全，有利于种子贮藏和培育壮苗。一般种子经过生理成熟后进入形态成熟，但银杏种子外观呈现形态成熟特征，而种胚发育还不够完全，须经过一定时间的后熟过程或特殊培养，种胚才能继续生长，直至生理成熟。

种子成熟期因种类和生长环境而异，可分为春花春熟、春花夏熟、春花秋熟和夏花秋熟等，一些松柏类植物则在开花后第二年才成熟。种子在低海拔处比高海拔处早熟，瘠薄地较肥沃地早熟，干旱年较多雨年早熟。

确定种子成熟期最简便的方法是形态鉴别法，即根据果实种子的颜色、气味和硬度等来鉴定成熟期。在颜色上，肉质果由绿色变成红色、黑色、紫色或白色，干果变为深褐色，种子由白色变为褐色或带有明显的斑纹。在气味上，由苦涩变酸，由酸变甜，或散发出香气。在硬度上，肉质果由硬变软，种子由软变硬，干果开裂，种子散出。最可靠的方法是切开种子，观察胚和胚乳是否饱满充实。

种子成熟后的脱落习性决定了部分种子的最佳采种时间。过早采种，种子发育不良，品质不高；过晚采种，种子部分或全部脱落，造成种子损失。成熟期与脱落期很接近的种类，要在成熟后立即采收，如杨属、柳属、珍珠梅属、百合属等。成熟后宿存枝上几个月甚至越冬的，采种时间较宽，如金银木、悬铃木属、白蜡树等。对具有无限花序或花期长的种类，要分批采种。对于老熟种子易形成硬壳而导致休眠的种类，可提前采收并立即播种。对于成熟种子易被弹散的种类，应在果实开始变黄未开裂前采种，如三色堇、凤仙花、杨柳类等。睡莲等应在花后用纱布包住花头，以防种子成熟后落入水中。一些常见观赏树木种子的采收成熟度见表 1-15。

表 1-15　一些常见观赏树木种子的采收成熟度

植物种类	种子采收期
贝壳杉	球果由青绿色转为黄绿色或褐色
鱼尾葵属	同一果穗大部分呈现红色
蜡梅	蓇葖果状果托由绿转黄，瘦果外皮由白色变褐色
苏铁属	种子成熟盛期
银杏	球果由青绿色转为黄绿色
紫薇属	果实变成成熟褐色、黑色等颜色
忍冬属	果实呈现成熟颜色并达到软化后
木兰属	果实呈现成熟颜色，并有少数果实开裂
悬铃木属	球果果序变成褐色
侧柏	在种鳞尚未开裂时
刺槐	荚果干硬成熟后
蔷薇属	果实出现成熟时特有的红色、红黄色或黄色
槐属	肉质荚果转为暗绿色或淡黄色
珍珠梅属	果实由深绿色转为深褐色
锦带花属	果皮由绿色渐变为黑褐色，蒴果稍见开裂

注：引自国家林业局国有林业农场和林木种苗工作总站主编《中国木本植物种子》，2001。

（3）采种方法。大部分观赏植物种子从植株上直接摘采，随熟随采。对于植株低矮的，采种人可在地面完成；植株较高的，需要用高枝剪、高梯等工具攀树采种。对种子成熟易脱落或有枝刺、果刺等不宜手摘的种类，可用地面收集法。先清除植株周围的杂草、枝叶、土石块，在地面铺塑料布，摇晃枝干或用棍棒轻击果枝，将果实或种子振落后收集在一起。对采前自然下落的新鲜种子，如发育正常、无病虫害，也可收集。国外还有用机械振动枝干，使种子脱落的采种方法。对于蕨类植物，当孢子囊群变深褐、孢子开始散出时，将"叶片"剪下放入纸袋中，待其散落孢子后，再收集播种。对于天然异花授粉种类，可用时间隔离和空间隔离等方法进行隔离。也就是把易于产生异花授粉的种与品种在播期上错开，如第一年播第一个品种，第二年播另一个品种，使彼此的花果期相差一年，互不干扰。空间隔离又分为远距离隔离和网、袋隔离。前者一般以500m或更长的距离作为种间与品种间防止异花授粉的间距；后者则用铜纱网或尼龙网罩住采种良种，再在品种株间进行人工或放蜂等辅助授粉，使其充分授粉结实。通常时间隔离和远距离空间隔离效果较好。

【任务实践】

实践一　鲜切花的采收与质量评估

（1）实验材料。满天星切花。

（2）实验仪器和药品、刀剪枝剪、蒸馏水、瓶插室、比色卡、圆尺、记录纸等。

（3）实验步骤

①收获满天星带梗花序。当花序上50％左右小花开放即可采收，采后立即插入桶中水养。由于满天星花期较短，因此要注意控制好采收时间。最好在上午气温较低时进行，将采后产品暂放在无日光直射处，尽快预冷处理。

②将供试材料分别进行标记序号。

（4）结果。撰写分析报告。说明供试材料等级评价过程和依据（要求具体描述其主要特征）。

（5）考核标准，见表1-16。

表1-16　考核标准

班级		小组		姓名			日期		
序号	考核项目	考核标准					等级分值		
		A			B	C	D	A	B	C	D
1	实训态度	实训认真，积极主动，操作仔细，认真记录	较好	一般	较差	10	6	4	2

（续）

班级		小组		姓名			日期				
序号	考核项目	考核标准						等级分值			
		A	B	C	D			A	B	C	D
2	提纲设计	提纲设计科学合理，创新性强	较好	一般	较差			20	18	12	6
3	操作能力	熟练操作调查要点，提问有深度	较好	一般	较差			30	26	22	10
4	实训报告	格式规范、内容完整、真实、结果分析到位，独立按时完成	较好	一般	较差			20	18	16	10
5	能力创新	表现突出，报告完整，立意创新	较好	一般	较差			20	16	12	8
本实训考核成绩（合计分）											

（6）检验方法

①切花品种。根据品种特征图谱进行鉴定。

②整体感。根据聚伞圆锥花序完整状况及茎秆健壮、分稀密的整体均衡状况等进行目测评定。

③花形。根据品种特征和分级标准进行目测评定；异常花数量可目测估计百分比。

④小花黄化和萎蔫。指变黄和萎蔫的小花朵数占小花蕾总数的百分比。

⑤花枝。花枝长度是指花枝基部到花序前端的总长度，单位为 cm；花枝粗度是指花枝基部到第一分枝点之间中部的粗度，单位为 cm，用卡尺测量；挺直程度目测评定。花序分枝的挺拔、疏密、均匀程度以及小花开放的整齐程度用目测评定。

⑥药害。目测评定。

⑦冷害。通过花瓣和叶片的颜色目测判断，也可通过瓶插观察花朵能否正常开放来确定。

⑧机械损伤。目测评定。

⑨采切标准。目测评定。

⑩保鲜剂。通过化学方法检测保鲜剂的主要成分来确定。

实践二 常见花卉的种子采收与识别

1. 材料 部分常见花卉如凤仙、三色堇、半支莲、千日红、君子兰、瓜叶菊等。

2. 工具 包括剪枝剪、采集箱、布袋、纸袋、天平、卡尺、直尺、镊子等。

3. 方法与步骤

（1）种子采收。在花圃或校园内选取优良采种母株，适时采收，采收时根据不同种类的种子特点分别进行。

①干果类种子。干果类如蒴果、蓇葖果、荚果、角果、坚果等，果实成熟时自然干燥，易干裂散出；应在充分成熟前，即将开裂或脱落前采收。某些花卉如凤仙、半支莲、三色堇等果实陆续成熟散落，须从尚在开花植株上陆续采收种子。

②肉质果种子。肉质果成熟时果皮含水多，一般不开裂，成熟后自母体脱落或逐渐腐烂。如浆果、核果、梨果等。待果实变色、变软时及时采收，过熟会自落或遭鸟虫啄食。果皮干后采收，则会加深种子的休眠或受霉菌感染，如君子兰、石榴等。

（2）种子的识别，可按以下几方面进行：

①种子大小分类。按粒径大小分：大粒（粒径≥5.0mm）、中粒（2.0～5.0mm）、小粒（1.0～2.0mm）、极小粒（＜0.9mm），用千粒重表示，可任选几种数量较多的花卉种子进行千粒重称量，以此确定种子大小。用一克种子或百克种子所含粒数表示。

②形状：有球状、卵形、椭圆形、镰刀形等多种形状，可根据材料情况详细确定。

③色泽：观察种子表面不同附属物，如茸毛、翅、钩、突起、沟槽等，可对照实物描述。

【思考与讨论】

1. 简述各类观赏植物采收标准。

2. 分析比较不同类型观赏植物采收方法。

3. 种子采收的依据是什么？如何确定不同类型花卉的种子采收期？

4. 采收成熟度与种子生活力关系如何？

【任务安全环节】

（1）户外实验实践时要穿着适宜活动的衣服和鞋袜。

（2）须长时间在阳光下操作时，可在遮盖物下工作，并使用个人防护衣物/器具/帽。

（3）高温长时间户外操作时，要适当休息，并饮用合适的饮料，补充失去的水分及盐分。

（4）果品采收机械使用过程中要避免刀刃等利器碰伤。

任务二 鲜切花保鲜剂处理技术

【讨论】

图 1-16 插花

比较图 1-16 中两瓶插花差异，分析花卉保鲜剂的作用。讨论你所熟知的花卉保鲜剂成分。

【知识点】

1. 鲜切花保鲜剂的概念和种类 鲜切花保鲜剂是指用以调节鲜切花（切叶）生理生化代谢，达到人为调节鲜切花开花和衰老进程、减少流通损耗、提高流通质量或观赏质量等目的的化学药剂。鲜切花保鲜剂根据用途可分为预处液、催花液和瓶插液。

（1）预处液。预处液又称脉冲液，第一次处理一般是在鲜切花采收后 24h 之内进行，即种植者在鲜切花采收后到出售前，或批发商从种植者手中收货后至运输前，结合复水进行短时间的处理，其效果一直可以延续到消费者将切花瓶插到水中为止，主要目的是减少贮运过程中各个环节的损耗，提高流通质量，延长瓶插寿命。

（2）催花液。催花液是指将蕾期采收的切花强制性地促其开放的保鲜剂。催花液常用于以下情况：气候冷凉，开花进程缓慢，不能按照预定目标开花；为获得预定产量和效益；长期贮藏或远距离、长时间运输后，花蕾难于开放。

（3）瓶插液。瓶插液是指可提高切花瓶插质量，延长瓶插寿命的保鲜剂。瓶插液可用于零售店切花出售之前，或消费者购买切花后的瓶插水中，连续使用，直至切花失去观赏价值。

由此可见，预处液是根据不同鲜切花的特性配制的，不能混用。瓶插液是花店或消费者使用的，是针对鲜切花共性配制的，具有通用性。

2. 鲜切花保鲜剂的处理技术

（1）预处液处理技术。预处液处理是一项非常重要的采后处理措施，一般在贮藏或运输前进行，由种植者或批发商完成，其作用可持续鲜切花整个货架期。预处液用去离子水配制，内含糖、杀菌剂、活化剂和有机酸。由于鲜切花采后处理过程会有不同程度的失水，预处液处理可使失水的鲜切花恢复细胞膨压，并补充外来糖源，防止微生物危害，延长瓶插寿命。预处液糖浓度根据鲜切花不同种类而定，如唐菖蒲、非洲菊等用 20% 或更高的浓度，香石竹、鹤望兰等用 10%，月季、菊花等用 2%～3%。

（2）催花液处理技术。催花液处理一般是由生产者或批发商在出售前进行，是通过人工技术处理促使花蕾开放的方法。催花液用去离子水配制，通常含蔗糖 1.5%～2.0%，杀菌剂 200mg/L，有机酸 75～100mg/L，所用蔗糖浓度要低于预处液。在室温或稍低于室温的条件下，把鲜切花插入催花液中若干天（比预处液处理时间长）。花蕾开放需要足够的水分供应，为防止失水萎蔫，必须在高湿条件下进行；有的鲜切花还需结合补光措施。为防止乙烯积累对鲜切花造成危害，需配有通风系统。当花蕾开放后，应及时转至较低的温度环境中。

确定鲜切花最佳采切时间十分重要，如果采切花蕾过小，催花液处理也不能使花蕾开放或不能充分开放，达不到最佳效果。不同种类的鲜切花对蔗糖的敏感度不同，有时同一品种反应也不同，所以要为不同的鲜切花确定适宜的糖浓度，防止因蔗糖浓度偏高而伤害叶片和花瓣。

（3）瓶插液处理技术。瓶插液在零售展示或瓶插观赏时由零售商和消费者使用，保存鲜切花直至售出或在瓶插期使用。不同种类鲜切花有不同的瓶插液配方，通常糖浓度为 0.5%～2%，并附加有机酸和杀菌剂，用蒸馏水配制。

【任务实践】

实践　观赏植物保鲜剂的配制方法及效果观察

（1）实验材料。百合花。

（2）实验仪器和药品。电子天平、三角瓶、移液管、量筒、剪刀、镊子、游标卡尺、滤纸、500mL 大烧杯、苯甲酸、蔗糖、8-羟基喹啉、柠檬酸、$Al_2(SO_4)_3$、水杨酸等。

（3）实验步骤。保鲜剂的配制共有 5 个处理：

①40mg/L 苯甲酸＋20g/L 蔗糖（S）＋200mg/L 8-羟基喹啉（8-HQ）＋

200mg/L 柠檬酸（CA）＋50mg/L $Al_2(SO_4)_3$。

②100mg/L 水杨酸＋20g/L 蔗糖（S）＋200mg/L 8-羟基喹啉（8-HQ）＋200mg/L 柠檬酸（CA）＋50mg/L $Al_2(SO_4)_3$。

③20g/L 蔗糖（S）＋200mg/L 8-羟基喹啉（8-HQ）＋200mg/L 柠檬酸（CA）＋50mg/L $Al_2(SO_4)_3$。

④20g/L 蔗糖（S）＋200mg/L 8-羟基喹啉（8-HQ）。

⑤蒸馏水。各处理的 pH 调至 4.5～5.0，以蒸馏水为对照。每瓶插两枝花，重复 7 次，瓶口用塑料薄膜封好以防水分蒸发。置于室内散射光下，瓶插期间温度 16～25℃，相对湿度 32%～76%。从瓶插之日起每天称量瓶＋花＋溶液和瓶＋溶液的重量，两者之差为鲜重，以瓶插之日的鲜重为 100，计算每日花枝的鲜重。连续两次瓶＋花＋溶液的重量之差为该段时间内的失水量；连续两次瓶＋溶液的重量之差为吸水量；失水量与吸水量之差为水分平衡值。用直尺测量每朵花的花朵长度（花长），以瓶插当日的花长为 100，计算每日花长。以花瓣失水出现枯斑和失去观赏价值时为瓶插寿命判断标准。用考马斯亮蓝法测花瓣的可溶性蛋白含量。用氮蓝四唑法和愈创木酚法测花瓣的超氧化歧化酶（SOD）和过氧化物酶（POD）活性。

（3）结果。分析实验结果，撰写实验报告。

（4）考核标准。见表 1-17。

表 1-17 考核标准

班级		小组		姓名			日期			
序号	考核项目	考核标准					等级分值			
		A	B	C	D		A	B	C	D
1	实训态度	实训认真，积极主动，操作仔细，认真记录	较好	一般	较差		10	6	4	2
2	提纲设计	提纲设计科学合理，创新性强	较好	一般	较差		20	18	12	6
3	操作能力	熟练操作调查要点，提问有深度	较好	一般	较差		30	26	22	10
4	实训报告	格式规范、内容完整、真实，结果分析到位，独立按时完成	较好	一般	较差		20	18	16	10
5	能力创新	表现突出，报告完整，立意创新	较好	一般	较差		20	16	12	8

本实训考核成绩（合计分）

【关键问题】

切花保鲜剂的组分各有什么作用?

【思考与讨论】

1. 鲜切花保鲜剂的种类。
2. 鲜切花保鲜处理技术。

【知识拓展】

1. 鲜切花保鲜剂的功能

（1）调节植物体内酸碱度。酸性或微酸性条件不利于微生物繁殖，保鲜剂中添加有机酸，可使鲜切花体内 pH 降至 3～4，伤口部位不容易被微生物侵染，也利于保鲜剂在花茎中运输。

（2）拮抗衰老激素。乙烯是影响鲜切花衰老的主要激素，保鲜剂可通过调节激素间的平衡进而起到延缓衰老的作用。根据鲜切花对乙烯敏感程度，可将其分为呼吸跃变型和非跃变型两大类。呼吸跃变型鲜切花包括兰科、抚子科（瞿麦科）、锦葵科、蔷薇科等植物，如香石竹、满天星、补血草、风轮草、金鱼草、蝴蝶兰、紫罗兰、香豌豆等，其花器官本身产生的乙烯可导致衰老，可利用乙烯吸收剂去除乙烯，使乙烯浓度降至不起生理作用的水平；或用乙烯生物合成抑制剂或乙烯作用抑制剂处理，抑制乙烯生成和作用，延缓鲜切花的衰老进程。呼吸非跃变型鲜切花包括百合科、菊科、溪荪科（菖蒲科）等，如菊花、唐菖蒲、石刁柏、千日红等，它们对乙烯不敏感，其延缓衰老的关键技术措施是促进花朵充分开放，防止茎叶黄化等。

鲜切花采后贮运过程中，不可避免会有乙烯产生，乙烯过量积累将对切花造成一定伤害（表1-18），因此保鲜剂中需添加乙烯作用抑制剂成分，以降低乙烯气体造成的危害。

表 1-18　部分鲜切花乙烯伤害症状

(Nowak and Rudnicki, 1990)

切花名称	乙烯毒害症状
六出花、卡特兰	花朵畸形，花瓣发暗、脱落
菊花、石斛兰	花朵老化稍微加快
香石竹	僵蕾，花瓣萎蔫
大戟属	叶片黄化、脱落

（续）

切花名称	乙烯毒害症状
小苍兰	花蕾畸形或枯萎，衰老加快
非洲菊	花朵老化稍微加快
满天星	花朵萎蔫
球根鸢尾	花蕾不开放或枯萎，衰老加快
百合	花蕾枯萎，花瓣脱落
水仙	花径变小，衰老加快
蝴蝶兰、棒叶万带兰	花色泛红，偏上生长，衰老加快
丁香属	花蕾不开放或枯萎，最低位花蕾变绿
金鱼草	小花脱落
一品红	偏上生长，落花落叶，茎缩短
香豌豆	花瓣脱落
月季	花蕾开放受抑制，花瓣偏上生长蓝变，衰老加快
郁金香	僵蕾，花瓣蓝变，衰老加快

（3）杀菌或抗菌。鲜切花在生长过程中会被一些微生物侵染，采后流通过程中高湿环境使微生物大量繁殖，造成花茎导管堵塞，影响水分吸收，并产生乙烯和其他有毒物质，加速鲜切花的衰老。因此，防止微生物侵染，是保鲜剂的重要功能之一。

（4）延缓花叶褪色。鲜切花的花瓣和叶片失去特有颜色后，就失去了观赏价值。鲜切花采后流通过程中，由于内部色素和环境变化造成花瓣颜色发生变化，如香石竹红色花瓣在低温贮藏中容易失去光泽，变得暗淡，红色月季花瓣在瓶插过程中出现蓝变现象等。

花色变化有的是由于色素发生氧化，如类胡萝卜素、花色素苷、黄酮类、酚类化合物氧化，造成鲜切花花瓣褐化或黑化。有的是由于代谢产物造成液泡pH 改变，如蛋白质分解释放自由氨，使 pH 升高，花色素苷呈蓝色，如月季、飞燕草、天竺葵花瓣红色蓝变。有的是由于衰老时液泡中苹果酸、天门冬酸、酒石酸等有机酸含量增加，pH 降低，花色素苷呈红色，如三色堇、牵牛花、矢车菊、倒挂金钟等花瓣蓝色红变。

叶片失绿黄化，有的是由于自然衰老过程中叶绿素减少，有时是由于光线不足使叶绿素无法再生。保鲜剂可有效延缓叶片黄化进程。

（5）补充糖源。糖分是保鲜剂的主要成分之一。鲜切花采收太早或经过长时间的贮藏后，由于缺乏有效利用的糖源，使开花进程变得非常缓慢，有时甚至不能正常开花，必须补充足够糖源以满足开花需要。

（6）改善水分平衡。鲜切花通过吸收作用和蒸腾作用来保持自身水分平衡。改善鲜切花的水分平衡，包括通过杀菌剂或抗菌剂防止病菌在切口部位的侵染促进水分吸收；通过表面活性剂降低水分在导管或管胞内的表面张力促进水分运输；通过植物生长调节剂对气孔开闭调节蒸腾速率。

2. 保鲜剂的主要成分及其作用

（1）水。主要包括自来水、去离子水、蒸馏水、微孔滤膜过滤水等。其中，不同地区的自来水所含成分差异较大，pH 应为 3～4，以防微生物繁殖，氯离子或氟离子含量要低，以防与银盐反应而影响保鲜剂作用。去离子水和蒸馏水可增强保鲜剂效果，还可增进鲜切花瓶插寿命。微孔滤膜过滤水在过滤过程中可清除水中气泡，从而减轻导管中空气堵塞。

（2）糖。是鲜切花开花所需的营养来源，促进花瓣伸长，增进水分平衡，保持花色鲜艳。多用蔗糖，也可用葡萄糖或果糖代替，低浓度乳糖和麦芽糖也有效。非代谢糖如甘露糖醇和甘露糖则没有作用甚至有害。

鲜切花吸收蔗糖后将其分解为葡萄糖和果糖，成为呼吸底物和植物体的构造成分。因此，带有很多未开放花蕾的满天星、情人草、香石竹等须经以糖分为主要成分之一的催花液处理才能正常开花；唐菖蒲和蛇鞭菊经糖处理效果也较明显。但有的鲜切花会将糖合成淀粉贮藏起来，削弱糖的作用，有时甚至发生糖伤害现象，如菊花处理液中糖超过 3％时，黄色花朵出现褪色。叶片对高浓度糖比花瓣敏感，浓度过高容易引起叶片自伤，所以处理时糖浓度不能过高。

一般短时间浸泡处理的预处液糖浓度相对较高；长时间连续处理的瓶插液糖浓度相对较低；催花液介于两者之间。

（3）杀菌剂或抗菌剂

①8-羟基喹啉（8-HQ）。广谱型抗菌剂，易与金属离子结合，夺走细菌内的铁离子和铜离子而起抗菌作用。该物质可使从茎切口处溶解到瓶插液中的单宁类物质失活，抑制细菌增殖，防止导管堵塞。同时，还可以降低水的 pH，促进花材吸水，降低气孔开放度进而达到降低蒸腾的目的。此外，还可抑制乙烯生成。常用的有硫酸羟基喹啉（HQS）和柠檬酸羟基喹啉（HQC），使用浓度为 200～600mg/L。

②缓慢释放氯化物。常用的有二氯—三奈—三酮钠（也称二氯异氰尿酸钠）、二氯异氰酸钠、三氯异氰酸钠等，使用浓度为 50～400 mg/L。

③季铵化合物。比 8-羟基喹啉稳定、持久，对花材不产生毒害，尤其适于

在自来水或硬水中使用。常见的有正烷基二甲苄基氯化氧，月桂基二甲苄基氯化氨等。

④噻苯咪唑（thiabendazole，TBZ）。广谱型杀真菌剂，水中溶解度很低，配制前可用乙醇等先溶解。有延缓乙烯释放的作用，可降低香石竹对乙烯的敏感性。常与8-羟基喹啉配合使用，使用浓度为300mg/L。

（4）表面活性剂。促进花材吸收水分，如吐温-20、中性洗衣粉等。

（5）植物生长调节剂

①细胞激动素。常用6-BA，可防止茎、叶黄化，促进花材吸水，降低切花对乙烯的敏感性，使用浓度为100mg/L。

②赤霉素。常用GA_3，单独使用效果不大，多与其他药剂一同使用，防止叶片失绿，促进花蕾开放。如防止马蹄莲叶片失绿；促进唐菖蒲花蕾开放，花箭伸长，花径增大，延长整枝切花寿命。

③脱落酸。促进气孔关闭，抑制蒸腾失水、萎蔫，延缓衰老。由于脱落酸是很强的生长抑制剂和衰老刺激因子，使用不当会适得其反，使用需慎重。

（6）金属离子和可溶性无机盐。

①银离子。作为乙烯作用抑制剂和杀菌剂被广泛应用，常用的有硝酸银和醋酸银（10～50mg/L）。硫代硫酸银（silver thiosulfate，STS）的使用从根本上解决了银离子在导管内沉积的难题。

②铝离子。铝离子可以降低溶液的 pH，抑制菌类繁殖、促进花材吸水。常用的有 Al_2（SO_4）$_3$ 和 AlK（SO_4）$_2$ 等。

③钾离子。增加花瓣细胞的渗透浓度，促进水分平衡，延缓衰老过程。

【任务安全环节】

（1）鲜切花保鲜剂使用过程中注意做好防护，切忌入眼。

（2）鲜切花保鲜处理操作过程中要注意器材使用安全。

任务三　观赏植物产品分级和包装技术

【讨论】

讨论花卉包装方式及包装的作用（图1-17）。

【知识点】

1. 观赏植物产品分级的必要性

（1）建立交易标准的需要。质量等级标准最重要的作用就是为产品市场提

图 1-17　鲜切花包装

供交易标准。在现代贸易中，交易都是通过履行购销合同有计划完成的。在这个过程中，如果没有质量等级标准，就无法对产品质量进行界定、描述和评估，交易就无法正常进行。

（2）规范交易市场的需要。在质量等级标准的基础上对产品进行分级，并形成相应的价格体系，可以避免产品质量参差不齐、以次充好、无理压价等情况出现，减少由此引起的市场纠纷。另外，产品分级后，不同等级的产品以相应的价格出售，有利于提高从业者的质量意识。

（3）保护生产者利益的需要。分级具有客观性和公正性，是产品升值的重要手段，不同级别的产品能够以相应的价格出售，生产者可获得最大的经济利益。

2. 观赏植物产品分级标准　分级要有尽可能统一的标准，目前国际上最完善的质量标准是切花的质量标准，盆花因种类繁多，尺寸、形态多样，目前还没有统一的质量标准。中国 2000 年颁布了主要花卉产品等级的国家标准，其中对鲜切花、盆花、盆栽观叶植物及种苗、种子等都制定了分级的公共标准和/或主要观赏植物种类分级的具体标准（中华人民共和国国家标准 GB/T 18247—2000）。

3. 观赏植物产品分级方法　观赏植物产品可以分为鲜切花、盆栽花卉、种球、种苗和种子 5 类，各类产品都有相应的质量等级标准，内容包括应用范围、定义、质量等级和检测方法等。

（1）鲜切花分级方法（GB/T 18247.1—2000）。鲜切花是从整体效果和病虫害及缺损情况进行分级的，划分项目包括花、花茎、叶、采收期以及装箱容量。

抽样时同一产地、同一批量、同一品种、相同等级的产品作为一个检验批次。样本从提交的检测批中随机抽取，单位产品一般以支计。

鲜切花品种根据品种特性进行目测；整体效果根据花、茎、叶的完整、均衡、新鲜和成熟度以及色、姿、香气等综合品质进行目测和感官评定；花形根据种和品种的花形特征、分级标准进行评定；花色按照色谱标准测定纯正度，是否有光泽，灯光下是否变色进行目测；花茎长度和花径大小用直尺或卡尺测量，单位为厘米（cm）；花茎粗细按均匀程度和挺直程度进行目测；叶片按完整性、新鲜度、清洁度、色泽进行目测；病虫害一般进行目测，必要时可培养检测；缺损程度通过目测评定。

（2）盆栽花卉分级方法（GB/T 18246.2—2000）。盆花类植物是从整体效果、花部状况、茎叶状况、病虫害或破损状况以及栽培基质进行分级。划分的项目包括花盖度、植株高度、冠幅、花盆尺寸以及上市时间。

抽样时同一产地、同一品种、同一批次的产品作为一个检验批次。样本从提交的检测批中随机抽取，单位产品一般以盆计。

整体效果、花部状况、茎叶状况及机械损伤等项目用目测评定；花色按照色谱标准检测其纯正度；冠幅、株高、花茎、盆径、盆高用直尺测量，单位为厘米（cm）；病虫害一般进行目测，必要时可培养检查。

（3）种球分级方法（GB/T 18247.6—2000）。种球一般根据围径、饱满度和病虫害进行分级。各单项指标不属于同一级时，以单项指标低的定等级。

抽样时同一产地、同一品种、同一批次的产品作为一个检验批次。样本从提交的检测批中随机抽取，单位产品一般以粒计。

围径用软尺测定种球的最大周长，单位为厘米（cm）；饱满度目测评定；对病虫害一般进行目测，必要时可培养检查。

（4）种苗分级方法（CB/T 18247.5—2000）。种苗是用来生产的基础材料。健康合格的种苗应具有发达的根系，健壮、充实、通直的主干，正常的色泽，整个植株没有机械损伤和病虫害。划分项目包括地径、苗高、叶片数和根系发育状况。其中地径是指地际直径，即栽培基质表面苗干的周长，单位为厘米（cm）。

抽样时同一产地、同一品种、同一批次的产品作为一个检验批次。样本从提交的检测批中随机抽取，单位产品一般以株或盆计。

地径用软尺测量，苗高用直尺测量，单位厘米（cm）；叶片数采用计量方法；根系发育状况目测评定，结合直尺测量根系长度进行，根系长度单位厘米（cm）。

（5）种子分级方法（CB/T 18247.4—2000）。种子质量包括品种质量和播种质量，前者是指种子的真实性和品种纯度，后者是指种子的净度、饱满度、生活力、发芽率、含水量等。优良的种子具有纯度高、净度好、充实饱满、生活力强、发芽率高、水分含量较低、无病虫害等特征。

抽样时从种子批不同部位随机抽取若干种子合并，然后把样品经过对分递减或随机抽取规定重量的样品，每一步骤都必须有代表性。种子批是指同一来源、同一品种、同一年度、同一时期收获、质量基本一致，在规定数量之内的种子。一批种子有重量的限制，若超重须分成多批，分别标明批号。分级时严格按照种子分级标准进行，各指标不属于同一级时，以单项指标低的定等级。各个指标的检测方法如下：

①净度。指样品中去掉杂质和其他植物种子后，留下的本植物净种子的重量占样品总重量的百分率，用称重法测定，以克（g）为单位。

②发芽率。通过发芽试验用统计方法计算。

③真实性。种或品种的界定是解决真实性的问题，一批种子的种、品种或属与其界定是否相符，是种子分级检测的首要环节。

④纯度。指一批种子个体之间在特征特性方面典型一致的程度，采用形态学法、物理法或化学法鉴定。

⑤含水量。指种子样品烘干后失去的重量占样品原始重量的百分率。在测定的过程中要严防水分损失，一般方法有低温恒重烘干法、高温烘干法、高温水预先烘干法和种子水分速测仪法。

⑥生活力。指种子发芽的潜在能力或种胚具有的生命力，一般使用染色法测定。

⑦千粒重。从净种子种数取 1 000 粒种子称重。

⑧病虫害。病害可用目测、过筛、萌芽、分离培养等方法评定，虫害一般用目测法评定。

5. 观赏植物产品包装技术

（1）鲜切花的包装。大部分鲜切花品种包装的第一步是捆扎成束。花束捆扎的数量和重量根据花卉种类、品种及各地风俗习惯等而异。我国大部分鲜切花如香石竹、月季等 20 支一扎；百合、石斛兰等 10 支一扎。进口的花卉有 8 支、12 支或 25 支一扎的，如菊花、马蹄莲等大花类 12 支一扎，香石竹等 25 支一扎。另外，花束捆扎的数量还应考虑单位成本以及机械损伤敏感程度等，如火鹤花、荷花等应以更小单位甚至单支为单位单独包装，有的鲜切花品种在捆扎前，甚至采收前用塑料网/套或防水纸对花冠或花序进行包裹，以防花冠散乱和机械损伤（图 1-18）。

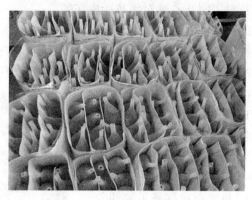

图 1-18　月季鲜切花包装

切花捆扎成束后，用报纸、耐湿纸或塑料袋包裹后装箱。包装箱一般为瓦楞纸箱，箱中可衬入聚乙烯膜或抗湿纸以保持湿度。月季常用聚乙烯泡沫塑料箱包装，或聚苯乙烯泡沫或聚氨酯泡沫衬里的纤维板箱，以防外界过冷或过热对鲜切花造成危害。装箱可以在预冷前或预冷后进行。如采用强风预冷，可在装箱后进行，否则应将鲜切花预冷后装箱，而且装箱操作应在冷库或低温车间进行。

鲜切花装箱时，花朵应靠近两头，分层交替放入箱中，层间放纸衬垫。每箱应装满，以免贮运过程中花枝移动产生冲击和摩擦，但也不可装箱过紧，以免花枝相互挤压。为保护一些名贵的鲜切花，如火鹤花、鹤望兰、红姜花等，箱中常填充泡沫塑料碎屑或碎纸；有时也填充碎湿纸以保持箱内较高的空气湿度。

对于贮运时间较长的切花，水平放置时常发生花茎向上弯曲现象，尤其是花序较长的种类，如唐菖蒲、晚香玉、金鱼草、飞燕草、羽扇豆、火炬花等。银莲花、水仙花、金盏菊、花毛茛等也常发生花头弯曲。因此，这类切花包装时要垂直放置在专门设计的包装箱中。

需要湿藏的鲜切花如月季、非洲菊、百合等，可将盛有保鲜液的容器固定在箱底，然后将切花插入容器。这种类型的包装，对运输及装卸等操作要求较高。湿包装只限于公路或铁路运输，空运禁止使用这种包装。湿藏的包装箱外必须有保持包装箱垂直向上的标识。一些娇嫩的切花品种如石斛兰，在花枝基部要先绑缚浸湿的脱脂棉，再用蜡纸或塑料薄膜包裹捆牢，或在花枝基部套上装有保鲜液的微型塑料管，避免花枝在贮运过程中缺水。

乙烯敏感型的切花，在包装箱内可利用高锰酸钾吸收箱内乙烯，但鲜切花切忌与高锰酸钾直接接触。另外，密封箱内可利用乙烯作用抑制剂 1-甲基环丙烯（1-MCP）处理花材以阻止乙烯对切花造成伤害。

（2）盆栽花卉的包装。盆花包装因种类、种植方式、大小、运输方式等不同而异。一般分两种包装类型：一是将盆栽植物经纸袋、塑料薄膜或玻璃纤维袋包装后再装入标准包装箱，或将套好袋的盆栽植物置于塑料泡沫模子上，保证植株稳定，减少贮运过程中的振动或摩

擦，然后装入打蜡的瓦楞纸箱；二是将盆栽植物套上防水纸或塑料薄膜包装袋后，直接装到多层货运架上，货运架高度、宽度等根据植物而异。这种包装与运输结合的做法，大大降低了包装时间和成本，提高了装卸效率。厚塑料薄膜不利于乙烯扩散，因此对乙烯敏感的盆栽植物，主要是盆花类，不宜用此种包装，最好使用纸质或纤维膜，或者打孔的塑料膜包装。每株盆花都应该挂有标签，对植株的学名、普通名、建议的栽培管理措施及环境条件等进行详细说明，并附有该植株的照片。图 1-19 为北京博众农业推出的盆栽微型月季包装。

图 1-19　北京博众农业推出的
盆栽微型月季包装

包装运输前对盆花可进行预处理，如对易感染灰霉病的品种喷杀菌剂，有虫害的喷杀虫剂，对乙烯敏感的品种可在包装前喷适宜浓度的 STS 保鲜液。这些预处理可以防止贮运过程中落花、落蕾、落叶等生理病害。观叶植物有时还需喷叶片光亮剂，但喷后植株的光饱和点增高，在后期养护过程中需要更多的光照。

（3）种球的包装。适宜干藏的种球常用的包装容器为网眼较大的塑料编织袋、底部和侧壁有孔隙的塑料包装箱、箱壁上有孔隙的纸箱等。一些优质种球还常按一定规格及数量装入有透气孔的衬膜牛皮纸袋中，然后装入塑料箱或瓦楞纸箱。有的种球如贝母、马蹄莲等可以用刨花作为包装材料。图 1-20 为水仙种球包装。

需要湿藏的肉质鳞茎、肉质根等，常在侧壁带孔的塑料包装箱内衬以打孔的塑料薄膜，然后填充潮湿的草炭，上面分层整齐地码放种球，种球层间用草炭隔开，以保持贮运过程中足够的湿度。有的种球如大丽花、美人蕉、秋海棠等，为防止种球干燥，可在上面覆盖泥炭、蛭石、谷糠等。

（4）种苗的包装。草本插条分为生根插条和无根插穗。国内交易中，生根插条可以带基质包装，出口时则要除去土壤基质，为了保持根系湿润，可用潮

图 1-20　水仙种球包装

湿的水苔、草炭或珍珠岩等包装根系。先将插条按一定规格和数量装入塑料袋中，再装入打蜡的纸箱或内部衬有打蜡托盘或用聚乙烯膜作衬的纸箱中。无根插穗对贮运条件要求较严格，不宜长期存放，应尽量采用空运以减少流通损耗。无根插穗在采后应立即预冷，然后按一定规格和数量装入塑料袋中。为加快呼吸热散逸和避免过多凝结水造成的腐烂，通常先使用打孔的塑料膜包装，然后再放入纸箱或泡沫塑料箱，并立即冷藏运输。整个包装过程要快速、清洁。

　　穴盘苗在种苗交易中占相当大的比例。穴盘苗包装技术因育苗容器的标准化而显得简便、高效。通常穴盘苗采用特制的种苗箱，并配有垫板进行包装，苗箱的长、宽略大于穴盘的长、宽，高度一般在 45cm 左右，垫板主要起支撑作用，可根据种苗高度定做不同规格的垫板。夏季穴盘苗远距离运输时，必须将包装好的种苗放置在 16℃ 的环境中预冷 4h 再发货；冬季运输必须注意保温，避免运输过程中产生冻害。

　　（5）种子的包装。种子是具有较长采后寿命的观赏植物产品，一般根据市场需求按不同单位包装于塑料袋中。

　　所有包装袋外须注明产品名、品种名、花色、规格、数量、产地名、生产者姓名及代码，销售市场及操作注意事项等，盆花及种苗、种球、种子类还应标明生产及养护关键技术要求。

　　6. 鲜切花预冷方式

　　（1）冷库空气预冷。冷库空气预冷又称室内预冷，是把鲜切花放在冷库中，靠自然对流热传导进行预冷的方式。该方式简单易行，应用广泛，适于小规模操作。但该方式预冷速度慢，预冷装箱（但没封口）的鲜切花通常需要24h 以上，由于在整个预冷过程中鲜切花都暴露在空气中，致使水分损失严重。为了提高预冷速度，可在冷库中安装风扇以促进库内气体循环。研究表明，空气以 60～120m/min 的流速在容器周围和容器间循环时，冷却效果最好。生产中常把鲜切花插入预处理液中，复水、吸收预处理液、预冷同时进行，由于花枝比较分散，加快了降温速度，如月季、香石竹、补血草、情人草、唐菖蒲等切花可在 6h 内由 20℃降至 5℃以下。

（2）强制通风预冷。强制通风预冷简称强风预冷，即将装有被预冷产品的包装箱按一定方向排列码接在一起，包装箱之间留有通气孔道，以确保箱体之间气体流通，最后把码接在一起的包装箱垛的一侧（称为首侧）与抽风机直接连接，而整个箱垛暴露在冷库中。当抽气机工作时，箱内形成一定的负压环境，促使库内冷空气按照预期的气体流通方向通过被预冷物，通过对流热传导使产品达到预冷的目的。产品的预冷速度与冷空气在产品周围的流速有关，可通过调节抽气机的抽气量和包装箱体的开孔大小来调节产品的预冷速度。

强风预冷几乎适合所有的鲜切花种类，预冷速度快（表 1-19），鲜切花水分损失小。但需要专门的设备，如抽气机等，操作比较复杂。

表 1-19　菊花等 4 种鲜切花强风预冷速度

项目	菊花	草原龙胆	百合	唐菖蒲
预冷始温（℃）	19.8	22.0	18.5	22.0
预冷终温（℃）	7.1	5.5	8.0	10.5
半预冷终温时间（h）	6.0	4.5	10.5	10.8
总预冷时间（h）	10.0	10.0	11.0	10.0
预冷速度（℃·h）	1.3	1.7	1.0	1.2

注：引自日本长野县园艺试验场 1973 年的数据，由新堀二千男整理（1991）；包装方法基于长野县规格，菊花、草原龙胆、百合切花各 50 箱，唐菖蒲 20 箱，外加叶用莴苣 1 000 箱，放置一起进行预冷，冷库温度 0℃。

（3）压差通风预冷。压差通风预冷即在包装容器上方增加差压板，阻断冷空气流向，使被预冷物包装容器内孔隙部分的气流阻力降到最低，与此同时，抽气机抽气量的设定与被预冷物容器内空隙部分的气流阻力相匹配。该方式与强制通风预冷相比，明显加大了通过被预冷物的有效风量，提高了预冷速度。

压差通风预冷方式克服了强制通风预冷时容易使花材蒸腾过度的不足，极大地提高了预冷效率。在此基础上，日本又开发了各种类型，如 U 形通风式、直交型通风式、冷风循环式以及纵型吸入式等。但其不足之处是使用起来比较复杂，要求一定的设备投入。

（4）真空预冷

①真空预冷的概念和原理。真空预冷技术原理是在接近真空的减压状态下，促使被预冷物沸点降至接近 0℃，由此促进蒸腾失水，并通过水分携带潜热降低花材温度，达到预冷的目的。如表 1-20 所示，水的沸点随饱和蒸汽压

的下降而降低，当饱和蒸汽压由 101 308 Pa 降至 1 226.4Pa 时，水的沸点由 100℃降至 10℃；饱和蒸汽压降到 706.5Pa 时，水的沸点降到 2℃，即 2℃ 的水即可蒸发。当水由液态变为气态时，每千克水的汽化热约为 2 512.1J，这是真空预冷的冷源。鲜切花可以假设为用水充满的器官，并收容密闭到真空罐内，用真空泵抽真空使环境压力降低到 1 333Pa 以下，促进鲜切花水分蒸腾散去潜热，最终使温度降低。计算公式为：

$$T = R/100c$$

式中，R 为预冷过程中平均蒸发潜热（kJ/kg）；c 为鲜切花的比热容（kJ/kg）。

表 1-20　水的沸点与饱和蒸汽压和蒸发热的关系

水的沸点（℃）	饱和蒸汽压（Pa）	蒸发潜热（kJ/kg）
100	101 308	2 256.7
50	12 343.6	2 382.3
40	7 371.3	2 399.0
30	4 238.9	2 428.3
20	2 332.8	2 453.5
10	1 226.4	2 478.6
8	1 066.4	2 482.8
6	933.1	2 478.0
4	813.1	2 491.1
2	706.5	2 495.3
0	613.2	2 499.5

　　进行真空预冷的机械称为真空预冷机，分为可搬式和固定式两大类。不论哪种类型都包括真空罐、真空泵、冷凝器、操纵箱等部分。

　　②真空预冷中的水分损失与补充措施。根据理论估算，真空预冷过程中每蒸腾 1％水分，花材温度约下降 5.5℃。如果将花材由 25～28℃降到 5℃以下，鲜重损失将达 5％左右。虽然多数花材在自然搁置时都可造成约 5％的水分损失，并且之后可恢复正常，但在真空预冷过程中，鲜切花的主要蒸腾部位是花朵和叶片，而从鲜重比率分析茎秆却占很大的比例，且质量越好的花材茎秆越粗壮，茎秆占花材总鲜重的比例越大，通过真空预冷使花材在短时间内降温变得越难，其结果往往是茎秆还未降到所需温度，花朵和叶片就已经过度失水，并且降到易受冷害的程度。

　　高俊平等以月季、香石竹、满天星、补血草等为试材，探讨了花材在真空预冷中的降温特性和水分损失特性。在给定的相同预冷条件下，北京和昆明生产的同一种花材降温速度差异较小，但相同地域栽培的不同种花材降温速度差异较大。花材花茎降温速度由快到慢依次是补血草、月季、满天星、香石竹，其中香石竹是补血草降温时间的2倍。4种切花不同部位降温速度的共同点是花朵快于茎秆，说明花材降温的难点在于茎秆。真空预冷过程中，切花失水速度由快到慢依次是叶片、花朵、茎秆。

　　针对真空预冷中水分损失与补水问题，日本采用预冷开始前给花材喷水的方法，美国为真空预冷罐内安装了喷冷水雾装置；也可采用半预冷终温的方法，即先通过真空预冷使花材降到10℃左右，然后置于冷库结合预处液吸收让其逐渐降温。

　　针对切花在真空预冷中的水分损失和降温难的问题，可采用真空预冷中补充失水和吸收预处液相结合的方法。其原理是利用茎秆基部浸入水中的切花在由减压向常压恢复的复压过程中，茎秆吸收水分的速度会大大增加。该措施将补充水分损失与吸收保鲜剂相结合，同时达到快速降温、补充失水和快速吸收保鲜剂的目的，使原来需要12h完成的保鲜剂吸收过程，缩短至30min之内全部完成。

　　③真空预冷的优缺点。

　　优点：产品预冷速度快，30min便可使花材降低20℃以上；产品预冷均匀，在真空罐内的各个角落都有相同的降温速度；预冷程度容易控制，可以通过温度速测仪追踪花材降温的温度；可以大批量地处理花材，特别适于鲜切花生产基地使用。

　　缺点：设备费用高、能源消耗多、预冷过程中产品容易失水萎蔫。

【任务实践】

实践一　观赏植物产品质量评估和分级

　　（1）实验材料。鲜切花、盆花。

　　（2）实验仪器和药品。瓶插室、比色卡、圆尺、记录纸等。

　　（3）实验步骤

　　①将供试材料分别标记序号。

　　②根据2001年国家质量技术监督局发布的花卉产品等级国家标准逐一进行评价和分级。

　　③撰写分析报告，说明供试材料质量等级评价过程和依据（要求具体描述其主要特征）。

实践二　观赏植物产品采后真空预冷

（1）实验材料。月季、菊花等鲜切花。

（2）实验仪器和药品。真空预冷机、花桶、花枝剪、温度计、点温计、瓦楞纸箱等。

（3）实验步骤

①花材整理。去除月季、菊花等鲜切花的刺和多余叶片等，去除基部叶片，将花材剪成45cm长，注意所有鲜切花在水中进行剪切，剔除有病虫害的花枝。

②用点温计分别测量花材内部温度。

③将花材分别按如下处理：

A. 不补充水分

B. 表面洒水（给花材表面均匀喷水）。

C. 花茎基部吸水（预冷时一起放入真空室）。

④放入真空预冷装置，启动真空抽气阀。设置不同的真空度梯度对比（根据空间大小、花材量多少，一般在30min内完成）。

⑤在不同程度真空条件下，从减压向常压恢复8~10min。

⑥取出花材，用点温计测量花材内部温度，观察不同处理花材外观品质。

⑦将花材装入瓦楞纸箱放在25℃环境条件下24h，取出用清水瓶插观察。

⑧统计不同处理花材开放进程和花朵开放程度。

【思考与讨论】

1. 不同种类观赏植物分级方法有哪些？

2. 比较不同类型观赏植物的包装技术差异。

3. 鲜切花真空预冷过程中存在哪些问题？如何解决？

【知识拓展】

1. 观赏植物产品包装的作用

（1）便于采后处理。产品在流通前进行包装，采用适宜的包装单位能方便搬运、堆码等操作，通风良好的包装还可以使产品更有效地预冷。

（2）减轻机械损伤。不同观赏植物产品，抗机械损伤能力差异很大，应根据产品对机械损伤的耐受能力，选择不同的包装方法。外包装要有一定的机械强度，避免产品码放时出现挤压损伤。同时包装箱要抗运输中产生的振动摩擦和因锐边造成的切割问题。

（3）减少水分损失。水分蒸发是使观赏植物产品，尤其是鲜切花，萎蔫和品质下降的重要原因。使用透气性适度、水蒸气渗透性低、结实且廉价的聚乙烯膜（袋）进行包装，可抑制正常状态下的水分蒸发，防止流通时观赏植物品质劣变。

（4）保持相对稳定且较低的温度。很多观赏植物需要冷链流通，在流通过程中必须维持低温环境，因此在外包装内采用隔热材料作衬里，或在包装箱内填充材料进行隔热。

（5）创造适宜的气体环境。用聚乙烯膜包装鲜切花时，通过鲜切花的呼吸消耗氧气，放出二氧化碳，使包装袋中形成低氧、高二氧化碳的气体环境；同时袋内少量二氧化碳渗透到袋外，环境中少量氧气进入袋中，从而使包装袋内的气体组成达到一种动态平衡。这种平衡气体组成因聚乙烯膜的厚度、包装产品的种类、成熟度、数量以及放置的环境温度不同而异。

（6）提高商品价值。设计精巧、富有艺术感染力的外包装会极大地刺激消费者的购买欲望，在一定程度上使产品增值。

2. 观赏植物包装材料

（1）包装材料的选择

①足够的强度：在采后加工、运输、贮藏等过程中能保护产品。

②适度防水：在受潮后仍能维持足够的强度及耐压能力，保证产品湿度较大或空气相对湿度较大时不受影响。

③不含有害物质：所含化学物质不至于使产品和人受到危害。

④适当的重量、尺寸和形状：要便于开、封等操作，符合上市需求。

⑤导热性：能适合快速降温或绝缘冷热的要求。

⑥适当的透气性：使箱内观赏植物不至于受到缺氧或高二氧化碳危害，或者具有适当的透气性使箱内形成低氧高二氧化碳环境，从而起到保鲜作用。

⑦适合产品对光的要求：根据品种的特性采用避光或透明包装。

⑧符合环保要求：材料便于分解、重复使用或回收。

⑨适当成本：成本与产品的价值及需保护的程度相适宜。

⑩完整的标签：完整和准确的标签可提供产品特征及操作说明等信息。

（2）包装种类

①外包装。常用的外包装有包装箱和包装盒，两者性状相似，习惯上将小的称为包装盒，大的称为包装箱。包装盒一般用于销售包装，包装箱多用于运输包装。

包装箱的选择主要是根据所要包装的产品特性来确定。通过对成本、物理性能、加工性能、印刷性能等综合评价，瓦楞纸箱及纤维板箱为最适宜的外包装材料。

包装箱的长、宽、高比例即为其形状，对材料的用量和支撑力都有很大影响。包装箱的尺寸应能最大限度地满足产品的要求，并兼顾方便操作。实际设计中常用威氏比例法和连续比例法。按长、宽、高比例为 2∶1∶2 的威氏比例法设计最节省材料。长、宽、高比接近 1.618∶1∶0.618 的连续比例法，包装箱稳定性和抗压性能相对要好。长宽比为 1.5∶1 也是合适的比例。

呼吸热能否从包装箱中散逸非常重要。因此，包装箱的大小还需考虑产品呼吸的强度，尤其是没有通风设备的情况下，呼吸热是由中心向包装箱壁散逸，如果包装箱太大，中心热量无法散出，将进一步促进花枝呼吸并加速衰老。箱内包装材料也不应阻碍箱内空气流通。用于强制通风预冷的包装箱，要有分别占侧壁表面积 5% 的进风口和出风口。

为了减少贮运过程中水分的损耗，常常在包装箱外用塑料膜覆盖或在包装箱内用塑料膜衬里，或者向包装箱表面喷涂蜡层。

②内包装。内包装一般采用薄膜材料，用以保护观赏植物免受失水和机械损伤。常用的薄膜材料有软纸、蜡纸及各种塑料薄膜。其中最为常用的是聚乙烯塑料薄膜。塑料薄膜气密性较强，因此会导致包装箱内部形成低氧高二氧化碳环境，减少呼吸损耗，但过高的二氧化碳会造成伤害，可在包装内放二氧化碳吸收剂。也可使用较薄的塑料薄膜（如 0.04~0.06mm）以便使部分气体透过薄膜，或打孔以改善薄膜的透气性。

③填充材料。填充材料主要作用是防止振动和冲击，有以下几种类型（表1-21）。

表 1-21　用于填充的材料种类、特性及用途

（章建浩，2000）

材料种类	特性、用途
泡沫塑料	物理性状稳定，缓冲性和复原性好
聚氯乙烯	重量轻，有韧性，用于装饰性好特别易损坏的鲜切花和盆花
充气塑料薄膜	重量轻，有良好的防湿性，不易污染
纸浆模式容器	吸湿性、透气性好，用于 CA 贮藏
瓦楞箱	支持、固定作用
天然材料，如刨花、麦秸、稻壳、锯末等	通气性、吸湿性、缓冲性好，价格低，无污染，但机械化搬运困难，易产生霉菌，易发生尘埃，缺乏装饰性

（3）包装的标准化。为提高工作效率和便于国际贸易，包装（包括尺寸和形状）须实现标准化。例如，美国花卉栽培者协会（SAF）和产品上市协会

（PNIA）制定了鲜切花的标准纤维板箱规格，适合美国冷藏卡车的鲜切花包装箱标准尺寸为宽 51cm，高 30cm，长 102cm、122cm 或 132cm 几种型号。

3. 鲜切花预冷的概念　鲜切花预冷是指通过人工措施将鲜切花的温度迅速降到所需温度的过程。预冷主要在鲜切花运输前或贮藏前进行，有时也在批发或拍卖市场做短时间处理，主要目的是减少鲜切花采后流通过程中的损耗，提高流通质量。预冷是鲜切花冷链流通的第一个环节，也是创造低温环境的第一步。所谓鲜切花冷链流通是指鲜切花从采收、预冷、贮藏、运输和销售等各个环节都在低温下进行。

鲜切花含水量较高，比热容大多在 0.21kJ/（kg·℃）左右，贮运时的冷负荷比较大，所以必须进行预冷处理。为了能够选择合适的预冷方式，有效地控制预冷温度，需要估算冷负荷。预冷时的冷负荷相当于预冷时要去除的田间热。田间热计算公式：

$$H_f = S \times D \times W$$

式中，H_f 为鲜切花田间热（kJ）；S 为鲜切花比热容［kJ/（kg·℃）］；D 为鲜切花需要降低的温度（℃）；W 为鲜切花重量（kg）。

4. 鲜切花预冷的意义

（1）生理意义

①降低呼吸活性，延缓开放和衰老进程。观赏植物的呼吸作用是由一系列酶催化的生化反应，其强度与温度有直接关系。鲜切花采切后，主要靠自身贮存的营养物质来维持代谢。营养物质的供给不足是大部分鲜切花自然衰老的主要原因。观赏植物采后快速预冷降低花材温度，可抑制与呼吸相关的酶活性，减小呼吸底物与酶接触的概率，降低呼吸强度，减少因呼吸而引起的糖类和其他营养物质的消耗，同时减少过氧化物和自由基的产生，防止由于生物大分子降解而引起花的衰老进程。

②减少水分损失，保持鲜度。观赏植物采后水分损失会破坏花材正常的代谢过程，降低其耐贮性和抗病性。环境条件与失水量有密切的关系。其中温度是与失水关系最密切的环境因子。温度影响饱和湿度，温度升高空气的饱和湿度增大，产品与空气间的饱和差增加，花材失水量随之增多；温度还会影响水分蒸发的速度，温度高时水分子运动速度加快，蒸发失水也加快。通过预冷而形成的低温可减小空气的饱和湿度，减缓水分子运动速度，减少花材水分蒸发量。

③抑制微生物生长，减少病害。病害是引起观赏植物采后品质下降的主要原因之一。引起采后病害的病原菌有真菌和细菌，它们都有各自最适的生育温度。在常温下，几乎所有的微生物都能生长繁殖，而在低温条件下，微生物繁

殖的速度会显著减慢，如低温细菌 *Pseudomonas fluorcscens* 的世代时间，在 20℃时为 1.5h，10℃时为 3h，0℃时为 28.3h。通过预冷降低花材温度显著抑制了致病微生物的繁殖和传播，减少了病害的发生。

④降低乙烯对鲜切花的危害。乙烯促进乙烯敏感型鲜切花衰老，严重影响其寿命和品质。防止或控制乙烯的危害是鲜切花保鲜的重要技术措施之一。乙烯合成途径的两个关键酶（ACC 合成酶和 ACC 氧化酶）的活性随温度的下降而降低，所以产品预冷可减少乙烯的产生。另外，通过预冷，减缓鲜切花生理代谢过程，钝化了乙烯的受体活性，降低了植株对乙烯的敏感性。

（2）经济意义。预冷还具有较高的经济价值。通过预冷排除大量的田间热，减少了贮藏和运输过程中制冷设备的能耗；将预冷技术与保冷技术相结合，可保持观赏植物良好的品质，同时可减少蓄冷剂用量，降低运输费用。

5. 鲜切花的预冷传热原理

（1）热传导、温度传播率以及热传导率。热传导是固体或静止的流体内部所进行的传热方式。在进行预冷时，有关的热传导包括预冷设施本身（包括屋顶、地面、四周墙壁）由外向内的热传导和鲜切花由内向外的热传导两大部分。

预冷时鲜切花内部的热传导随内部温度的变化而变化。可通过基础偏微积分方程来了解鲜切花的预冷过程。这时，必要的热物理值是温度传播率。

温度传播率 α 是预冷速度的指标。几乎所有鲜切花的温度传播率都在 10^{-4} 范围内，低于金属。因此，预冷速度比金属慢。

鲜切花的温度传播率和热传导率可查阅相关手册。

（2）对流热传导、热传导系数。对流热传导通常是指运动的气体或液体向固体壁面传热的形式。对流热传导包括自然对流热传导和强制对流热传导两种方式。传热量是强制对流比自然对流高，水比空气高。对流热传导量取决于热传导系数、鲜切花表面与预冷媒介的接触面积，以及两者之间的温差。对流热传导系数受到流速的影响，预冷中，强制对流热传导的热传导系数比自然对流热传导高。不过，鲜切花预冷取决于热传导，预冷速度是有限的。

（3）热辐射。热辐射与预冷介质无关，以电磁波的形式传热。与预冷有关的热辐射包括预冷设施的屋顶和墙面受到太阳辐射而升温所产生的热辐射，真空预冷时真空罐内壁向鲜切花的热辐射，以及鲜切花温度高于环境温度时向环境辐射热量等。

6. 鲜切花预冷速度的计算方法　鲜切花的预冷速度取决于鲜切花的种类和数量、制冷介质与鲜切花的接触、鲜切花和制冷介质的温差、制冷介质的周转率、冷却介质的种类、包装箱的空气流速以及冷藏设备的效率等。预冷速度的计算方法通常采用半预冷终温时间法。所谓半预冷终温时间，是指鲜切花从起始温度预冷达到终温的一半所需要的时间。因为半预冷终温所需时间与鲜切花初温无关，而且在整个冷却过程中保持不变，这样可以估计出预冷所需要的时间，而不用考虑鲜切花和预冷介质的温度。在预冷实践中，往往是最初降温速度较快，随着被预冷产品温度的降低，降温速度逐渐减慢。

7. 鲜切花预冷的基本要求

（1）预冷起始时间要尽可能早。即鲜切花从采收到预冷之间间隔的时间越短越好。鲜切花的呼吸活性非常旺盛，从采收到预冷能量消耗较多。如果这段时间过长，会影响以后的保鲜处理效果，有时甚至造成不可弥补的损耗。

（2）预冷时间要尽可能短。缩短预冷时间的优点参见上述。

（3）预冷终温要因产品而定。鲜切花适宜的预冷终温和对低温的忍耐极限因品种和种类而异。在进行预冷时，要根据具体情况确定适宜的预冷终温，防止预冷起不到相应效果，或因降温过度使产品遭受冷害。特别是热带起源的鲜切花对低温敏感，预冷温度常为 $8\sim15℃$。

（4）预冷方式应根据鲜切花种类灵活掌握。不同的预冷方式降温原理不同，在应用时必须根据产品的特点选择相应的预冷方式。

单元二 园艺产品贮藏

模块一　园艺产品贮藏方式

模块分解

任务	任务分解	要求
1. 常温贮藏	1. 堆藏 2. 沟（埋）藏 3. 通风库贮藏	1. 了解常温贮藏的方式 2. 学会堆藏、沟藏及窖藏的方法 3. 总结堆藏、沟藏及窖藏的要点 4. 掌握通风库贮藏的方法
2. 低温贮藏	1. 冻藏 2. 天然冷源库贮藏 3. 机械冷藏库贮藏	1. 学会冻藏的方法 2. 了解天然冷源库贮藏的方法 3. 学会机械冷藏库的管理
3. 气调贮藏	1. 自发气调贮藏 2. 人工气调贮藏	1. 学会自发气调贮藏的方法 2. 学会人工气调库的管理

任务一 常温贮藏

【案例】

图 2-1 胡萝卜沟藏

胡萝卜（图 2-1）原产于中亚细亚和非洲北部，现在我国南北栽种广泛，已成为宴席上不可缺少的菜肴。它营养丰富，含有多种维生素和丰富的糖分，以肥大的肉质根作为食用部分。胡萝卜是重要的秋贮蔬菜，特别在北方地区，贮藏量大，贮藏期长，在调剂冬春蔬菜供应上有着重要的作用。那么胡萝卜如何贮藏呢？

思考 1：胡萝卜的贮藏特性有哪些？

思考 2：胡萝卜可采用何种方式贮藏？

案例评析：

胡萝卜的贮藏特性：胡萝卜没有生理上的休眠期，在贮藏中遇有适宜条件便萌芽抽薹，这时根的薄壁组织中水分和养分向生长点转移，从而造成糠心。糠心由根的下部和根的外部皮层向根的上部内层发展。贮藏时由于空气干燥，促使蒸腾作用加强，也会造成薄壁组织脱水变糠。贮藏温度过高以及机械损伤，能促使呼吸作用与水解作用增强，从而使得养分消耗增大而变糠心。萌芽与糠心不仅使胡萝卜肉质根失重，糖分减少，而且组织变得柔软，风味寡淡，食用品质降低。所以防止萌芽和糠心是贮藏好胡萝卜的首要问题。如果贮藏温度高、湿度低，不仅因萌芽、呼吸作用和蒸腾失水导致糠心，而且增大自然损耗。如果相对湿度相同，温度越高，损耗越大。因为胡萝卜皮层虽然较厚，但是缺乏蜡质、角质等表面保护层，保水能力弱，容易蒸腾失水。所以贮藏胡萝卜必须保持低温、高湿的条件，但温度不能低于 0℃，否则胡萝卜会产生冻害。通常贮藏温度为 0～3℃，相对湿度为 95％。胡萝卜组织的特点是细胞间隙都很大，因此具有高度通气性，并能忍受较高浓度的二氧化碳（CO_2）。据报道，胡萝卜可忍受浓度为 8％的 CO_2，这与胡萝卜长期生活在土壤中形成的适应性有关。因此，胡萝卜适于埋藏或气调贮藏等密闭贮藏。

贮藏方式：沟藏法操作简便、经济，且能满足直根类对贮藏条件的要求，因此是胡萝卜最主要的贮藏方式。窖藏和通风库贮藏胡萝卜也是北方各地常用的方法，贮藏量大，管理方便。也可采用气调贮藏和薄膜半封闭的方法贮藏胡萝卜。

【知识点】

采后的园艺产品离开植株和土壤后不能再得到养分，为了保持其优良的品质，满足消费者需要，克服园艺产品季节性、地域性的矛盾，必须将其在适当的条件下进行贮藏。由于各地园艺产品生长条件差异较大，根据其适应条件不同而发展起来的贮藏方式也多种多样。尽管方法多样，但是基本理论依据是相同的，即根据园艺产品的适应条件创造适宜的环境条件，降低导致产品品质下降的各种生理生化反应，抑制其表面水分散失，充分利用园艺产品的天然抗病性和耐贮性，延缓其衰老过程，达到保持园艺产品优良品质、延长贮藏寿命、实现园艺产品商品化的目的。

园艺产品在贮藏中，需要调节与控制的环境因素为温度、湿度和气体成分。从这三方面看，又以温度最为重要。因此，园艺产品贮藏方式的分类也以温度控制方式为主要依据。依靠天然的温差来调节贮藏温度的，称为常温贮藏法；用人工方法维持贮藏低温的，称为冷藏法；在调节温度的基础上，加上气体成分的调节与控制的，称为气调贮藏法。

常温贮藏是根据外界环境温度的变化来调节或维持一定的贮藏温度，它不能人为控制贮温。贮藏场所的温度总是随季节的更替和外界温度的变化而变化，在使用上受地区条件和气候变化的限制。不仅如此，在贮藏方式的实际应用中，往往需要丰富的经验和较高的管理技术。

1. 堆藏的方法及特点　堆藏是在果园、田间或空地上设置临时性的贮藏场所，是最简单的贮藏方式。堆藏是将果蔬直接堆码在地面、浅坑或荫棚下，表面用土壤、薄膜、秸秆、草席等覆盖，以防止风吹、日晒、雨淋的一种短期贮藏方式。一般只适用于价格低廉或自身较耐贮藏的果蔬产品，如大白菜、洋葱、甘蓝、冬瓜、南瓜，也有地区将苹果、梨和柑橘临时堆藏。

（1）堆藏的方法。首先选择地势较高的地方，将果蔬就地堆成圆形或长条形的垛，也可做成屋脊形顶，以防止倒塌，或者装筐堆成 4～5 层的长方形。堆内要注意留出通气孔便于通气散热。随着外界气候的变化，逐渐调整覆盖的时间和厚度，以维持堆内适宜的温湿度。在入贮初期，气温和果蔬的田间热较高，产品呼吸代谢旺盛，这时堆要小。为防止日晒，应在白天进行遮阴，在夜间适度通风。在深秋，随着气温的降低，果蔬体温下降，代谢减缓，可将堆加大，利用自身呼吸保持温度。必要时，可分次加覆盖物以保温防寒。由于堆内温度不一，中央温度较高，所以覆盖物在周围应厚一些，中央顶部盖薄一些。如遇阴雨天，应注意防雨。

（2）堆藏的特点。堆藏简便，成本低廉，覆盖物可因地制宜，就地取材。堆藏受外界气候影响较大，贮藏效果很大程度上取决于覆盖物的管理，即根据气候变化及时调整覆盖的方法、时间及厚度等，需要较多经验。另外，堆藏不宜在气温较高的地区采用，堆藏适用于温暖地区的晚秋和越冬贮藏，在寒冷地区，一般只在秋季做短期堆藏。

2. 沟（埋）藏的方法及特点 沟藏是我国北方地区秋冬季常见的果蔬简易贮藏方式之一。它很好地利用了气温、土温随季节变化的特点和规律。北方地区秋季气温下降很快，而土温下降较慢，在冬季气温很低时，土温高于气温。通过埋藏可以使果蔬越冬贮藏而不受冻害。到翌年春天，天气逐渐转暖时，土壤还能维持一段时间的低温，有利于果蔬贮藏。另外，土壤的保水性还能减轻果蔬失水萎蔫，果蔬在土壤的隔离作用下，自身呼吸释放 CO_2 有一定累积，形成一个自发的气调环境，起到降低产品呼吸和抑制微生物活性的作用。沟藏非常适合根茎类蔬菜的产地贮藏。板栗、核桃、苹果、柑橘等也常采用沟藏。

（1）沟藏的方法。沟藏需要选择地势较高、土质黏重、排水良好、地下水位低的地方，从地面挖一个沟，将果蔬产品堆放其中，上面覆盖土，利用沟的深度和覆土的厚度调节产品环境的温度。在气候越冷的地区，或要进行埋藏的果蔬产品所需要的温度较高时，应深挖沟。反之，则浅挖沟。沟的宽度一般为 1～1.5m，不宜过大。根据当地气候条件确定沟的方向，在较寒冷地区，为减少冬季寒风的直接袭击，沟的方向以南北走向为宜，在较温暖地区，沟长采用东西走向。

（2）沟藏的特点。沟藏可就地取材，成本低。沟藏主要受土温影响，所以沟藏的保温、保湿性比堆藏好。沟藏后，可利用分层覆盖、通风换气和风障等措施控制适宜的贮藏温度。

3. 窖藏 窖藏是在沟藏的基础上进一步完善的贮藏方式。窖藏形式的结构有棚窖、窑窖和井窖。窖藏既能利用变化缓慢而稳定的土温，又能利用简单的通风设施来调节窖内温度、湿度和气体成分。与沟藏相比，它有进出的通道，方便取贮及产品管理。

(1) 棚窖。棚窖是一种临时性的贮藏场所，通常选择地势较高、地下水位较低和空气畅通的地方，在地面挖一长方形的窖身，根据窖身入土深浅可分为半地下式和地下式两种。较温暖地区或地下水位较高处，多采用半地下式，即一部分窖身在地面以下，另一部分窖身在地面上筑土墙，再加棚顶。棚顶用木料、秸秆和土壤覆盖，并设置适宜的天窗和辅助通风口。寒冷地区多用地下式，即窖身全部在地下。棚窖的温湿度调节主要通过控制通风进行，因此产品的堆放应与窖墙、窖顶和地面留有一定的距离，才能使空气流畅，以保持窖内各部位温度均匀、稳定。

(2) 窑窖。窑窖也称为土窑洞，多建在丘陵山坡处，通常是在山坡土丘的迎风面挖窑洞，如黄土高原地区土质坚实的山坡和土丘。窑洞顶为拱形，设有窖门。窖身是贮藏果蔬的部分，窖底和窖顶沿窖门向内缓慢降低，有一定坡度，这种结构有利于窖内空气对流。为避免阳光直射和冷空气进入窑内，窖门以向北为宜。窑窖的结构简单，建造费用低，充分利用了土壤的保温性能，受外界气温影响小，温度低而平稳，相对湿度较高，有利于产品保存。

(3) 井窖。在地下水位低、土质黏重的地区可修建井窖，窖体深入地下，颈细，身大，利用土壤控制环境的温度，创造冬暖夏凉的贮藏条件。

井窖一般由窖盖、窖颈、窖身三个部分组成，其特点是保温能力强、通风差，窖内温度较高。因此，适用于贮藏温度要求高、易产生冷害的果蔬，如柑橘、生姜、甘薯等产品。井窖深度可根据当地气候条件和贮藏产品的要求温度决定。窖越深，窖内温度越高，也越稳定。井窖主要通过控制窖盖的开闭进行适当通风来管理，将窖内的热空气和积累的 CO_2 排出，使新鲜空气进入。

井窖可建在室内或室外，因受气温影响，各有利弊。室内窖在贮藏初期，窖温比较高，产品腐烂损失较室外严重，但开春后，窖内温度上升较室外慢，可进行长期贮藏。室外窖正好相反，贮藏前期温度比室内窖低，腐烂较少。开春后，窖内温度上升较室内窖上升快，腐烂严重，难以久贮，所以长期贮藏以室内窖为宜，短期贮藏以室外窖为好。

井窖建造投资少，规模小，坚固耐用，一次建成可连续使用多年。

(4) 窖藏的管理。空窖特别是旧窖，在果蔬入窖前，要彻底进行清扫并消毒。消毒的方法可用硫黄熏蒸，或用甲醛溶液喷洒，密封两天，通风换气后使用，贮藏所用的篓、筐等用具，在使用前也要用漂白粉溶液浸泡 0.5h，然后用毛刷刷洗干净，晾干后使用。果蔬产品经挑选预冷后即可入窖贮藏。在窖内堆放时，要注意果蔬与窖壁和窖顶、果蔬之间留有一定间隙，以便翻动和空气流动。整个贮藏期分 3 个阶段管理。入窖初期，由于气温较高，同时果蔬呼吸旺盛，产生的呼吸热和田间热较多，窖内温度升高很快，因此，要在夜间全部打开通气孔，引入冷空气，以便迅速降温。通风换气时间以凌晨效果最好。贮藏中期，正值严冬季节，外界气温较低，要注意保温防冻，关闭窖口和通气口。贮藏后期，严冬已过，气温回升，窖内温度也回升，这时应选择在温度较低的早春进行通风换气。为保持窖内低温环境，应尽量少开窖门和减少工作人员出入。另外，在贮藏期间，要经常检查产品，发现腐烂果蔬，要及时去除，以防交叉感染。果蔬全部出窖后，应立即将窖内打扫干净，同时封闭窖门和通风口，以便秋季重新使用时，窖内保持较低的温度。

4. 通风库贮藏　通风库贮藏是在棚窖的基础上演变而来的。它是有隔热结构的建筑，利用库内外温度的差异和昼夜温度的变化，以通风换气的方式来保持库内比较稳定而适宜贮藏温度的一种贮藏场所。通风贮藏库具有设施简单、操作简便、贮藏量较大、可长期使用等特点，是我国各地农产品贮藏的主要设备之一。

（1）通风库的分类。通风库可分为地下式、地上式、半地下式和改良式。

地下式：地下式通风库的库身全部埋在地下，仅库顶露出地面，库温受气温影响较小，受地温影响较大。由于其进出气口的高差较小，空气对流速度最慢，通风降温效果较差。适于东北、西北等冬季严寒和地下水位低的地方选用。

地上式：地上式通风库的库身全部建在地上，库温受外界气温的影响较大。其进气口设置在库的基部，在库顶设置排气口，两者有最大高差，有利于空气的自然对流，通风降温效果较好。一般建在地下水位较高的地方，适于温暖地区选用。

半地上式：半地上式通风库的库身一半在地面以下，库温既受气温的影响，又受地温的影响。一般建在地下水位较低的地方，适于冬季比较温暖的华北地区选用。

改良式：改良式通风库的库身在地面，石头墙，水泥地面，钢筋水泥库顶。隔热性能好，温度与湿度比较稳定，变化幅度小，多数时间内，库内可以保持在 4℃左右，相对湿度可以调到 $85\% \sim 95\%$。还可以在贮藏库上加盖住房，这样既可节约资金与土地，又能提高贮藏库隔热保温性能。

（2）通风库设计要求

①库址的选择。通风贮藏库应建造在地势高、地下水位低、通风良好、交通方便的地方。通风库的方向根据当地的温度和风向而定，一般在北方以南北延长为宜，可以减少迎风面；而南方则以东西延长为宜，以减少阳光直射的时

间，保持比较稳定的低温。

②建筑与隔热材料。建筑材料要求具有良好的隔热性能，以达到保温要求。此外，材料还需具备组织疏松、不易吸水、质轻价廉等特点。支撑库体的围护结构可用砖、石、木、土等材料，但贮藏库还需有隔热层，防止库外过高或过低的温度影响库内温度，保持库内比较稳定和适宜的贮藏条件。建筑通风贮藏库常用夹层墙，两层墙之间充填锯末、矿渣、稻壳等隔热材料。静止空气的隔热性能极好，用空心砖砌墙可以大大提高保温效果。隔热材料必须保持干燥才具有良好的隔热性，因此还应在隔热材料两侧加防水层，常用沥青或防水纸。

③库房设计。通风库的平面多为长方形或长条形，库房宽 9～12m，长 30～40m，库高在 4m 以上。一般可贮果蔬 50～300t。在北方较寒冷地区，大都将全部库房分两排，中间设中央走廊，库房走向与走廊垂直，中央走廊主要起缓冲作用，防止冬季寒风直接吹入库房使库温急剧下降，也可兼作分级、包装及临时存放贮藏品的场所。

④库顶的选择。库顶有脊形顶、平顶和拱顶三种。脊形顶适于使用木材等建筑材料，须在顶下单独做保温材料。平顶是将隔热材料夹放在库顶夹层间。拱形顶相对造价低，牢固性好，结构简单，目前主要推广拱形顶。

（3）通风贮藏库的管理使用

①贮藏准备。在贮藏前应对贮藏库进行清扫、通风、消毒及设备检查等。库内消毒可用硫黄 $10g/m^3$ 进行燃烧熏蒸，关闭门窗 48h 后再开门排除二氧化硫。也可用 1％福尔马林溶液喷洒墙面和地面，密闭 24h 后即可。消毒处理后应通风 2～3d 再入库贮藏。

②入库管理。果蔬采收后，应在阴凉通风处短时间预贮，然后在夜间温度低时入库。果蔬先用容器装盛，再在库内堆成垛，垛与垛之间或与库壁、库顶及地面间都应留一定空间，以利于空气流通。

③温度管理。入库初期库温较高，要最大限度地导入外界冷空气，排除库内的热空气；贮藏中期，外界温度和库温逐渐降到较低水平，此时注意减少通风量和通风时间，以维持库内稳定的温度和湿度；在冬季要注意防冷害，以保温为主。

④湿度管理。对大多数果蔬，要求库内湿度在 85％～95％。为增加湿度，可在库内地面洒水，或先在地面铺细沙再洒水，或在墙面洒水。

【任务实践】

实践一　洋葱堆藏

1. 贮藏特性　洋葱属于二年生蔬菜，具有明显的休眠期，品种间差异较大，一般为 1.5～2.5 个月。洋葱在夏秋收获后即进入休眠，遇到适宜的生长条件，鳞茎也不萌发。通过休眠期后，遇到适宜的高温高湿生长环境则开始萌芽。因此，使洋葱长期处于休眠状态是贮藏洋葱的关键。延长洋葱休眠的条件是高温（25～30℃）干燥或低温（0～2℃）干燥，空气的相对湿度低于 80%。

2. 材料用具 洋葱、枕木、秸秆、席子、绳子。

3. 操作步骤

（1）选择地势高、土质干燥、排水好的场地，先在地面垫上枕木，然后铺上秸秆。

（2）在秸秆上堆放洋葱，要求纵横交错摆齐，码成长方形小垛，长 5～6m，宽 1.5m，高 1.5m，每垛 5 000kg 左右。

（3）堆顶加盖 3～4 层席子，周围两层席子，用绳子横竖绑紧。

4. 检查

（1）检查封垛是否严密。

（2）封垛初期，可视天气情况倒垛 1～2 次，排除垛内湿热空气。

（3）遇到雨天，要仔细检查是否漏水，如有应及时倒垛晾晒。

（4）贮藏一段时间，待气温降低后应加盖草帘保温。

实践二　大白菜堆藏

1. 贮藏特性 大白菜性喜冷凉湿润，叶球在冷凉湿润的气候条件下形成，因此贮藏期间要求低温冷凉湿润的条件。大白菜贮藏期间的损耗量很大，一般在 30%～50%。损耗主要是由于贮藏期脱帮、失水和腐烂造成的。大白菜贮藏时期的不同，损耗的种类也不同。贮藏过程中，遇到比较高的贮藏温度或相对湿度及晾晒过度，均会引起大白菜脱帮。大白菜贮藏期间的腐烂，是由于其在田间感病引起的，腐烂一般发生在贮藏后期。大白菜贮藏期间的失水，是由于贮温过高或相对湿度过低造成的。贮藏期间大白菜的呼吸作用以及贮藏期间的失水均可造成自然损耗。

2. 材料用具 大白菜、高粱秆、草帘。

3. 操作步骤

（1）在 11 月底开始收购，码垛。码垛时，根对根，中间留约 30cm 的通风道，每层菜间设纵向和横向沟放高粱秆，以利于通风散热。

（2）码堆要求越向上，两棵菜越靠近，最后在两列中间排一单列压顶，垛高大约 1.5m，垛长 10m，垛与垛之间距离宽 50cm，以便检查管理，一直码到成为联方垛。

（3）最后在垛周围及顶部围上草帘。

4. 检查

（1）盖上草帘后，要视情况进行加盖或揭开，以防止冻害或高温。

（2）定期倒垛检查。

（3）定期进行揭帘通风。

<h3 align="center">实践三　萝卜沟藏</h3>

1. 贮藏特性　萝卜喜冷凉湿润的气候环境，比较耐贮藏和运输。贮藏萝卜以秋播的皮厚、质脆、含糖和水分多的晚熟品种为主。萝卜没有明显的生理休眠期，遇到适宜的条件便萌芽抽薹，所以在贮藏中容易糠心，萌芽。贮藏温度过高、空气干燥、水分蒸发加强，也会造成糠心。萝卜适宜的贮藏温度为 $0\sim3℃$，空气相对湿度 $90\%\sim95\%$。

2. 材料用具　萝卜、沙子、铲子、洒水壶。

3. 操作步骤

（1）选择地势平坦干燥、土质较黏重、排水良好、地下水位较低、交通便利的地方挖好贮藏沟。

（2）将经过挑选的萝卜堆放在沟内，最好与湿沙层积，有利于保持湿润并提高直根周围的 CO_2 浓度。直根在沟内的堆积厚度一般不超过 0.5m，以免底层产生伤热。

（3）在产品面上覆一层土，以后随气温的下降分次覆土，最后与地面齐平。

（4）一周后，先将覆土平整踩实，浇水一次，以后根据情况适度浇水。

4. 检查

（1）注意贮藏初期的高温，整个贮藏期需要随时取用和检查产品。

（2）检查覆土的厚度，贮藏后期要逐渐增加覆土，以防沟内温度过低。

<h3 align="center">实践四　生姜沟藏</h3>

1. 贮藏特性　生姜喜温暖湿润，不耐低温，贮藏适宜温度为 $10\sim15℃$，10℃以下易发生冷害，贮藏温度过高易腐烂。贮藏适宜的相对湿度为 $90\sim95℃$。湿度过大，腐烂严重；湿度过小，易失水，干瘪，降低食用品质。

2. 材料用具　生姜、秸秆、稻草、铲子。

3. 操作步骤

（1）生姜收获后进行严格挑选，剔除病变、有伤口、雨淋的姜块。

（2）选择地势高、干燥、周围空旷的地块，挖沟，宽约2m，深约1m，形状最好上宽下窄，圆形、方形均可。

（3）将姜块摆放于沟内，中间立一个秸秆把，便于通风和降温。

（4）在姜块表面覆盖一层姜叶，然后覆盖一层土，沟顶用稻草做成圆尖顶以防雨，四周设排水沟，北面设风障防寒。

4. 检查

（1）入沟初期，呼吸旺盛，温度容易升高，需要检查坑口，不能覆土过多。

（2）随着气温下降，要分次覆土以保持堆内适宜的温度。

（3）冬季最冷时，需检查覆土是否严密。

实践五　梨的棚窖贮藏

1. 贮藏特性　梨有秋子梨、白梨、沙梨和西洋梨四大品系，一般来说，大多数白梨品种耐贮藏，如苹果梨、秋白梨等。秋子梨也较耐贮藏，沙梨的贮藏性不如白梨，西洋梨的耐贮性较差，在常温下容易后熟衰老。

梨属于呼吸跃变型果实，呼吸强度与温度有关。选择适宜的贮藏温度和相对湿度，是保证贮藏质量的重要因素。大多数梨的贮藏温度控制在 $0 \sim 3℃$，相对湿度控制在 $90\% \sim 95\%$，气体要求低 O_2 高 CO_2，这样可以推迟呼吸高峰的出现，有利于贮藏。

2. 材料用具　梨、橡木、秸秆、泥土、枕木、隔板。

3. 操作步骤

（1）挖长 15m，宽 5m，高 2m 的土坑作为棚窖主体，窖顶用橡木、秸秆、泥土做棚，其上设两个天窗，每个天窗的面积约为 $2.5m \times 1.3m$，窖端设门，高 1.8m，宽 0.9m。

（2）将采收后的梨在窖外预贮，当果温、窖温都降至接近 0℃ 时即可入窖。

（3）将梨堆码，垛底部用枕木垫起，每层加隔板，以利于通风，堆垛上部距窖顶留出 $60 \sim 70cm$ 的空隙。

4. 检查

（1）码垛间留有通道，便于检查。

（2）检查窖内温度，入窖初期，门窗要经常敞开，利用夜间低温通风换气，当温度降低后，关闭门窗，到了最寒冷季节，需要在窖顶覆土。

实践六　苹果的窖窖贮藏

1. 贮藏特性　苹果属典型呼吸跃变型果品，采后具有明显的后熟过程，果实内的淀粉会逐渐转化成糖，酸度降低，果实退绿转黄，硬度降低。苹果的品种很多，各品种之间的贮藏性和商品性存在明显差异。早熟品种（6～7月成熟）采后因呼吸旺盛、内源乙烯发生量大等原因，致使后熟衰老快，表现为不耐贮藏。中熟品种（8～9月成熟）如元帅系、金冠、乔纳金、嘎拉等，商品特性好，贮藏性优于早熟品种。温度越低，呼吸强度越小，贮藏寿命越长。

对于多数苹果品种来说，贮藏的适温为 $0\sim1℃$，相对湿度应保持在 $85\%\sim90\%$，湿度高可以降低果实水分的蒸发，减轻自然损耗，保持新鲜饱满状态，但湿度过大，会增加病害的发生，腐烂损失严重。适当调节气体成分，可延长苹果的贮藏寿命，保持其新鲜度及品质。

2. 材料用具

苹果、挖掘工具、草帘门、衬布、果筐。

3. 操作步骤

（1）选择地势干燥、土层深厚、不易塌方的崖子边上，窑洞以上应有 4m 厚的土层。

（2）先挖主洞，拱顶高 1.8m，宽 1.5m，长度随贮果多少而定，如一般贮藏 50t 的苹果主洞长 60m，主洞门用草帘简易制作。

（3）在主洞最深处，从洞顶垂直向上挖，直至通向地面，形成通风口，口径 1m 左右，在通风口加装活动天窗。

（4）在主洞内两侧每隔 $5\sim6m$ 挖一个贮果室，贮果室门高 1m，宽 1.5m，顶高 2m。

（5）苹果采收后，在室外进行预贮。

（6）入窖之前要进行室外预冷，以释放果实的田间热，具体可将果实放在阴凉处过夜，利用夜间低温来降低果温。

（7）剔除有病虫害及机械损伤的果实，用带有衬布的果筐运至贮果室，散积堆放。

4. 检查

（1）检查果堆边缘到贮果室门的距离，应不少于 0.3m，堆高不超过 0.6m。

（2）检查窑窖内温度，适时进行气温调节。

（3）贮藏期间需要进行 $1\sim2$ 次倒果，倒果时拣出伤病果。

实践七　甘薯的井窖贮藏

1. 贮藏特性　甘薯又称红薯、番薯、地瓜等，既是一种重要的粮食作物，还是淀粉、食品工业的重要原料。甘薯以块根为收获物，鲜薯体积大，含水量高，组织幼嫩，皮薄易破损，易发生冷害和病害。甘薯在贮藏期间仍有旺盛的呼吸，呼吸强度比较高。最适宜的贮藏温度为 $10\sim14℃$，湿度 $80\%\sim95\%$。据测定，当空气中 O_2 和 CO_2 分别为 15% 和 5% 时，能抑制呼吸，降低有机养料消耗，延长甘薯贮藏期；当 O_2 不足 5% 时，甘薯则因进行无氧呼吸而发生腐烂。

2. 材料用具　甘薯、挖掘工具、砖、水泥、筐。

3. 操作步骤

（1）选择地势较高的地方挖井，井口直径一般在 80cm 左右，井深 4～5m，挖到井底后，向四周挖，高度 1.5m 左右，长度 2.5m 左右。

（2）挖好后，将井口用砖和水泥砌好，要高于地面 20cm 左右，防止雨水倒灌。

（3）采收的薯块在田间晾晒 2h，当天刨收当天入窖。将薯块装入筐中，然后将筐放入井窖。

4. 检查

（1）入窖前检查薯块是否带病、有伤口、虫咬、受冷害等，这类薯块要及时剔除。贮藏过程中注意不要让薯块碰伤、磕伤。

（2）需要检查井窖内温度的变化，做出适当调整，如入窖前期，温度可能较高，应做好薯窖的通风降温工作；当外界温度逐渐降低，在窖内要覆盖玉米皮或草苫等遮盖物以防发生冻害。

【关键问题】

常温贮藏下，如何进行温度管理？

常温贮藏是根据外界环境温度的变化来调节或维持一定的贮藏温度，它不能人为地控制贮温。贮藏场所的贮温随季节的更替和外界温度的变化而变化，故在使用上受地区条件和气候变化的限制。因此，在贮藏方式的实际应用中，往往需要丰富的经验和较高的管理技术，其中温度的管理最为重要。一般果蔬采收后，呼吸旺盛，散发出大量的 CO_2 和热量，气温也比较高，贮藏前期可通过通风散热进行降温。中期以防寒保温为主，随着气温的降低，果蔬呼吸作用减弱，产生热量少，管理要点是防寒、保温，要加强覆盖，加盖干草或加厚土层。后期以稳定贮藏温度为主，冬去春来，外界气温逐渐回升，但经常有寒流，气温波动较大，果蔬经过长期贮藏，呼吸微弱，经不起温度过大变化，故以稳定贮藏温度为主。

【思考与讨论】

1. 堆藏有什么特点？
2. 沟藏有哪些特点？
3. 窖藏有哪些形式？

【知识拓展】

假植贮藏是将收获的蔬菜密集假植在沟内或窖内，使蔬菜处在极其微弱的生长状态，但仍能保持正常的新陈代谢的一种贮藏方法。假植贮藏是我国北方秋冬季贮藏蔬菜的特有方式，主要用于各种绿叶菜和幼嫩蔬菜，如芹菜、小白菜、莴苣、菜花和水萝卜等。而假植贮藏使蔬菜从土壤中吸取少量的水分和养分，甚至进行微弱的光合作用，因而能较长期地保持蔬菜的新鲜品质，随时供应市场消费。实际上假植贮藏是当外界温度下降时，使蔬菜继续保持缓慢生长能力的一种贮藏方式。假植期间外界温度过低时，应加盖草席，不仅可以防寒防冻，也阻挡了阳光照射蔬菜，起到软化蔬菜的作用。

1. 假植贮藏的方法 将蔬菜连根收获，单株或成簇假植，只假植一层，不能堆积，株行间还应留适当通风空隙，覆盖物一般不接触蔬菜，菜面上有一定空隙层，有的在窖顶只作稀疏覆盖，使一些散射光能够透入。土壤干燥处常需灌几次水，以补充土壤水分的不足，灌水还有助于降温。

2. 假植贮藏的管理 主要是在阳畦或浅沟内维持冷凉但不发生冻害的低温环境，使蔬菜处于极缓慢生长的状态，大多数适宜用假植贮藏的蔬菜（如芹菜、小白菜等）在0℃左右的温度下贮藏比较适宜。因此，应该在露地气温已经下降时收获蔬菜进行假植，假植后调节通风量使阳畦或沟内温度逐渐降低，避免贮藏初期因气温过高或栽植紧密而引起芹菜枯萎、莴苣抽薹脱帮等损失。待气温明显下降后，用一层或多层草席防寒，避免蔬菜受冻，盛夏时节在阳畦北面立风障保护。假植贮藏适用于北方冬季供应蔬菜，随市场需要取出销售，春季气温回升后结束贮藏。

【任务安全环节】

人员进入贮藏窖检查之前，要注意窖内二氧化碳浓度，可以点燃一支蜡烛，用一根铁丝绑在竹竿上，然后将竹竿慢慢放入窖内，如果蜡烛不熄灭，则表示窖内氧气含量可以维持呼吸，可以进入；如果蜡烛立即熄灭，则不能进去，需先通风，直到蜡烛不灭才可进入。

任务二 低温贮藏

【案例】

芹菜（图2-2），属伞形科蔬菜。富含蛋白质、糖类、胡萝卜素、B族维生素、钙、磷、铁、钠等营养物质，同时具有清热，祛风，消肿，解毒宣肺，健胃利血、清肠利便、润肺止咳、降低血压等药用功效。我国北方常采用冻藏贮藏芹菜，可延长供应周期，达到分批上市的目的。那么，芹菜如何进行冻藏呢？

思考 1：芹菜的贮藏特性有哪些？

思考 2：芹菜如何进行冻藏？

思考 3：冻藏的芹菜如何解冻？

图 2-2　芹菜

【知识点】

低温贮藏是人为调节和控制适宜的贮藏环境，使之不受外界环境条件限制的一类贮藏方法，它对保持果蔬品质和延长贮藏寿命有显著的效应。

（1）低温对呼吸和其他代谢过程有抑制作用。在一定范围内，随着温度的升高，果蔬的呼吸强度增大，温度降低则呼吸强度减小，温度越低其抑制呼吸的效果越显著。在不冻结的低温范围内，果蔬的呼吸作用受到显著的抑制，与呼吸相关的各种营养成分的消耗过程变得缓慢，因此低温是保持果蔬品质的适宜条件。贮藏中果蔬蒸腾是一个物理过程，其强度与温度的高低呈正相关。大多数新鲜果蔬，当其水分损耗超过重量的 5% 时，就会出现萎蔫，新鲜度下降。低温对蒸腾作用的抑制，起到保持果蔬新鲜度的作用。

（2）低温对成熟和软化过程的抑制。果蔬的成熟和衰老是一系列的生理生化过程，这一过程在低温的影响下变得较为缓慢。一些肉质性果蔬，在贮藏中其质地逐渐软化是其降低品质的一个方面，冷藏则可以大大延缓果蔬的软化过程。一些高峰型果实，成熟过程中有较多的乙烯释出，而释出的乙烯反过来又刺激果实自身的成熟过程，但在低温条件下，果蔬的乙烯产量受到明显的抑制。

（3）低温对发芽生长的抑制。具有休眠特性的果蔬如马铃薯、洋葱、板栗等，在通过休眠阶段以后就会发芽生长，导致其品质和耐贮性下降。在冷藏的情况下，通过低温的强制休眠作用，可以延长休眠阶段，抑制发芽生长，从而有利于长期保藏。

需要强调的是低温冷藏虽然可以广泛地用来延长果蔬的贮藏寿命，但用于一些对低温较敏感的果蔬则易导致冷害。尤其是原产热带和亚热带的果蔬。因此，在低温冷藏技术的实际应用中，确定适宜的冷藏条件是至关重要的，这往往要根据果蔬的种类、成熟度、贮藏特性以及贮藏期长短等多方面的情况来综合考虑。

1. 冻藏　冻藏是在入冬上冻时将收获的园艺产品放在背阴处的浅沟内，稍加覆盖，利用自然低温使其迅速冻结，并且在整个贮藏期间保持冻结状态的一种贮藏方式。

（1）冻藏的结构。冻藏多用窄沟，约 0.3m，如用宽沟（1m 以上）须在沟底设通风道。一般要设置荫罩障，避免阳光直射，以便加快果蔬入沟后的冻结速度，并防止忽冻忽化造成腐烂现象。冻藏与沟藏的区别在于冻藏的沟较浅，覆盖层薄。

（2）冻藏的特点。由于贮藏温度在 0℃以下，可以有效地抑制园艺产品的新陈代谢和微生物活动，使其保持生机，食用前经过缓慢解冻，仍然能恢复新鲜状态，保持良好的品质。冻藏主要应用于耐寒耐冻性较强的菠菜、芫荽、小白菜、芹菜等绿叶蔬菜。

冻藏蔬菜在食用或上市前要进行解冻，解冻应缓慢进行，否则容易腐烂，汁液外渗，解冻后的产品不能长久贮藏。

2. 冰窖贮藏　冰的熔解热为 334.46kJ/kg，故冰融化可以吸收大量热能，使环境温度下降。贮藏库的温度可根据加冰量的多少及冷藏库的总热量平衡进行计算。在贮藏量等条件一定的情况下，以加冰的多少来控制温度。在使用天然冰时，一般只能得到 2～3℃的贮藏环境温度，如果在冰中加入食盐、氯化钙，则可降低熔点，使贮藏库维持更低的温度。

采冰在严冬季节进行，可以利用河流湖泊天然冻结的冰，也可采用人工结冰的方法。一般冬季采集的冰要贮存到春夏使用。因此，采集的冰要有适当的贮藏场所，防止其迅速融化。贮冰场一般选择高燥的位置，挖深 2～4m 左右的沟，长宽视贮冰量和周围环境条件而定。坑底铺放一层碎石或煤渣，上层码堆冰块，直到高出地面 1m 左右，然后在上面覆盖草席，再堆土 1m 左右。如用稻壳、稻草、锯末等绝缘材料覆盖，效果更好。

也有采用冰块直接贮藏在冰窖内，封盖密闭。贮藏产品时，将窖内冰块移动整理，安排贮放，不另设冰场。

冰窖一般选择在山坡高地的地面以下，以减少气温影响。方向以东西为宜，以减少太阳直射。深度为 3～4m，长宽不定，窖底有一定的倾斜度，最低处设排水沟。

贮藏产品时，在窖底和四周都留下厚度约 0.5m 的冰块，将产品捆扎或包装铺放在冰上，在产品和包装之间填碎冰，排完一层，放一层冰块，重复交叠。在最上层冰上盖稻草等隔热材料，厚度 0.7～1.0m，防止外界温度的影响。产品在进窖前应进行预冷，以减少冰的损耗。

产品进窖贮藏期间，注意检查，或补充冰的消耗，由排出水的颜色与气味判断窖内产品贮藏情况。

3. 天然冷源库贮藏　天然冷源贮藏库既利用了冰窖的控温方式，又利用了通风库的结构引入外界冷源致冰，比冰窖操作和管理方便，贮藏效果好。

（1）贮藏原理和特点。贮藏库与传统的冰窖一样，也是将冬季的自然冷源以冰的形式贮存起来，利用水在固液相变时可以释放或吸收大量热能的特点来维持贮藏环境的温度。暖季冰为冷源，能维持果蔬贮藏保鲜所需的低温高湿条件；寒冷的冬季，则利用水在冻结时释放的大量热以避免库内果蔬受冻害。但在库体结构、温度控制上比冰窖简单，操作更方便，工作人员可以入库操作，产品品质得到较好的控制。库内温度终年变化很小，即使夏季外界温度达39.2℃以上，冬季温度达－12℃以下，贮藏室温度也十分稳定，基本保持在1～2℃，相对湿度能保持在90％以上。库中仅用几台风机，不用机械制冷设备，投资少，且电能消耗只是机械制冷库的1/10，适合我国北方寒冷地区园艺产品的贮藏，但建成后要经过一个冬季才能使用。

（2）贮藏库的结构。贮藏库建筑结构与通风库和机械冷库相似，但无需专用的机械制冷设备，有地下式、半地下式和地上式3种类型。主要组成部分有贮藏室、贮冰室、风机以及管道等。

4. 机械冷藏库贮藏　起源于19世纪后期的机械冷藏是当今世界上应用广泛的新鲜园艺产品贮藏方法。近30年来，随着我国农业种植业结构调整，园艺作物种植面积不断扩大，产量稳定增加，许多专业公司和各类企业纷纷兴建大中型的商业冷藏库，个人投资者和农民建立了众多中小型冷藏库和微型冷库，新鲜园艺产品冷藏技术得到快速发展和普及。机械冷藏已成为我国新鲜园艺产品贮藏的主要方法。机械冷藏为繁荣园艺产品商品流通和供应，发展园艺产业发挥了重要作用。

目前，世界范围内机械冷藏库向操作机械化、规范化，控制精细化、自动化方向发展。

（1）机械冷藏的概念。机械冷藏指的是利用制冷剂的相变特性，通过制冷机械循环运动的作用产生冷量并将其导入有良好隔热效应的库房中，根据不同贮藏产品的要求，控制库房内的温、湿度条件在合理的水平，并适当加以通风换气的一种贮藏方式。

机械冷藏以控制环境温度进而控制产品温度为主要手段，达到有效保持产品品质、延长贮藏时间、减少损失的目的。适宜低温下，新鲜园艺产品包括呼吸在内的代谢强度降低，物质转变慢且消耗少，水分蒸发减慢。机械冷藏要求有坚固耐用的贮藏库，且库房设置有隔热层和防潮层以满足人工控制温度和湿度。机械冷藏适用的产品范围广，使用的地域大，库房可以周年使用，贮藏效果好。但机械冷藏的贮藏库和制冷机械设备需要较多的资金投入，运行成本较高且贮藏库房运行需要良好的管理技术。

（2）机械冷藏库的分类。机械冷藏库根据制冷要求不同分为高温库（0℃

左右）和低温库（低于－18℃）两类，用于贮藏新鲜园艺产品的冷藏库为高温库。冷藏库根据贮藏容量大小划分，虽然具体的规模尚未统一，但大致可分为大型、大中型、中小型和小型4类。目前我国贮藏新鲜园艺产品的冷藏库中，大型、大中型库占的比例较小，中小型、小型库较多。近年来，个体投资者和园艺产品生产者建设的多为中小型、小型冷藏库和微型库（小于100t）。

（3）机械冷藏库的组成和设计。机械冷藏库是一组建筑群，由主体建筑和辅助建筑两大部分组成。按照建筑物的用途不同，可分为冷藏库房、生产附属辅助用房、生产用房和生活辅助用房等。

冷藏库是贮藏新鲜园艺产品的场所，根据贮藏规模和对象的不同，冷藏库房可分为若干间，以满足不同温度和相对湿度的要求。

生产辅助用房：包括装卸站台、穿堂、楼梯、电梯间和过磅间等。生产附属用房主要是指与冷藏库房主体建筑与生产操作有密切相关的生产房，包括整理间、制冷机房、变配电间、水泵房、产品检验室等。

生活辅助用房：主要有生产管理人员的办公室、员工的更衣室和休息室、卫生间及食堂等。

机械冷藏库的设计：机械冷藏库的设计，广义的包括建筑群整体的合理规划和布局及生产主体用房——冷藏库房库体的设计两部分，狭义的仅指冷藏库房库体设计。

整个建筑群的合理规划直接关系到企业生产经营的效果，在库房建造前库址选择时就必须认真研究，反复比较。适于建造冷藏库的地点通常应具有以下条件：①靠近新鲜园艺产品的产地或销地；②交通方便，地形开阔，具有一定的发展空间；③有良好的水源、电源；④四周卫生条件良好。

在选择好库址的基础上，根据允许占用土地的面积、生产规模、冷藏的工艺流程、产品装卸运输方式、设备和管道的布置要求等决定冷藏库房的建筑形式，确定各库房的外形和各辅助用房的平面建筑面积和布局，并对相关部分的具体位置进行合理设计。

生产主体用房——冷藏库房的设计总体要求：①满足冷藏库规定的使用年限，结构紧固；②符合生产流程要求，运输线路要尽可能短，避免迂回和交叉；③冷藏间大小和高度应适应建筑规模、贮藏商品包装规格和堆码方式等规定；④冷藏间应按不同的设计温度分区布置；⑤尽量减少建筑物的外表面积。

根据新鲜园艺产品的特点和生产实践经验，大中型冷藏库房采用多层、多隔间的建筑方法，小型冷藏库房采用单层多隔间的方法，且贮藏间容量从相对较大（如30～500t）向小型化（如100～250t）发展；库房的层高通常在

4.5～5.0m，随着科学技术水平的提高，操作条件的改善和包装材料的更新，层高可增加至 8～10m，甚至更高。这样的小库容、高层间距的贮藏既可满足新鲜园艺产品不同贮藏条件和贮藏目的的要求，又有利于提高库房的利用率和冷藏管理。

（4）机械冷藏库的制冷系统。机械冷藏库达到并维持适宜低温主要依靠制冷系统的工作，通过制冷系统持续不断运行，排除贮藏库房内各种来源热能（包括新鲜园艺产品进库时带入的田间热，新鲜园艺产品作为活的有机体在贮藏期间产生的呼吸热，通过冷藏库的围护结构而传入的热量，产品贮藏期间库房内外通风换气而带入的热量，及各种照明、电机、人工和操作设备而产生的热量等）。制冷系统的制冷量要能满足以上热源的耗冷量（冷负荷）的要求，选择与冷负荷相匹配的制冷系统是机械冷藏库设计和建造时必须认真研究和解决的主要问题之一。

机械冷藏库的制冷系统是指由制冷剂和制冷机械组成的一个密闭循环制冷系统。制冷机械由实现制冷循环所需的各种设备和辅助装置组成，制冷剂在这一密闭系统中重复进行着蒸发、被压缩和冷凝的过程。根据贮藏对象的要求，人为地调节制冷剂的供应量和循环次数，使产生的冷量与需排除的热量相匹配，以满足降温需要，保证冷藏库房内的温度在适宜水平。

制冷剂是指在制冷机械反复不断循环运动中起着热传导介质作用的物质。理想的制冷剂应符合以下条件：汽化热大，沸点温度低，冷凝压力小，蒸发比容小，不易燃烧，化学性质稳定，安全无毒，价格低廉等。自机械冷藏应用以来，研究和使用过的制冷剂有许多种，目前生产实践中常用的有氨（NH_3）和氟利昂等。

氨的最大优点是汽化热达 125.6 kJ/kg，比其他制冷剂大很多，因而氨是大中型生产能力制冷压缩机的首选制冷剂。氨还具有冷凝压力低、沸点温度低、价格低廉等优点。但氨自身有一定的危险性，泄漏后有刺激性味道，对人体皮肤和黏膜等有伤害，在含氨的环境中新鲜园艺产品可能发生氨中毒。空气中氨含量超过 16% 时有燃烧和爆炸的危险。因此，利用氨制冷时对制冷系统的密闭性要求很严。氨水呈碱性，对金属管道等有腐蚀作用，使用时对氨的纯度要求很高。此外，氨的蒸发比容较大，要求制冷设备的体积较大。

氟利昂是卤代烃的商品名，简写为 CFCs，最常用的是氟利昂 12（R_{12}）、氟利昂 22（R_{22}）和氟利昂 11（R_{11}）等。氟利昂对人和产品安全无毒。不会引起燃烧和爆炸，且不会腐蚀制冷设备。但氟利昂汽化热小，制冷能力低，仅适用于中小型制冷机组。另外，氟利昂价格较贵、泄漏不易被发现。研究证明，氟利昂能破坏大气层中的臭氧（O_3），国际上正在逐步禁止使用，并积极研究和寻找替代品。目前，四氟乙烷和二氯三氟乙烷、溴化锂及乙二醇等作为制冷剂取得了良好的效果，但这些取代品生产成本高，在生产实践中完全取代氟利昂并被普遍采用还有待进一步研究和完善。

制冷机械设备：制冷机械设备由实现循环往复所需要的各种设备和辅助装置组成，其中起决定作用的部件有压缩机、冷凝器、节流阀（膨胀阀、调节阀）和蒸发器。由此四部件即可构成一个最简单的压缩式制冷装置，所以它们有制冷机械四大部件之称。除此之外的其他部件，是为了保证和改善制冷机械的工作状况，提高制冷效果及其工作时的经济性和可行性而设置的，它们在制冷系统中处于辅助地位，主要包括贮液器、电磁阀、空气分离器、过滤器、相关的阀门、仪表和管道等。

压缩机：压缩机将冷藏库房中由蒸发器蒸发吸热气化的制冷剂通过吸收阀的辅助压缩至冷凝程度，并将被压缩的制冷剂输送至冷凝器。

冷凝器：由压缩机输送来的高压、高温气体在经过冷凝器时被冷却介质（风或水）吸去热量，促使其凝结，而后流入到贮液器贮存起来。

节流阀：起调节制冷剂流量的作用。通过增加或减少制冷剂至蒸发器的量控制制冷量，进而调节降温速度或制冷时间。

蒸发器：液态制冷剂在高压下通过膨胀阀后在蒸发器中由于压力降低由液态变成气态，在此过程中制冷剂吸收周围空气中的热量，降低库房中的温度。

贮液器：起贮存和补充制冷循环所需的制冷剂的作用。

电磁阀：承担制冷系统中关闭和开启管道的作用，对压缩机起保护作用。

油分离器：安装在压缩机排出口与冷凝器之间，其作用是将压缩后高压气体中的油分离出来，防止流入冷凝器。

空气分离器：安装在蒸发器和压缩机进口之间，其作用是除去制冷系统中混入的空气。

过滤器：装在膨胀阀之前，用以除去制冷剂中的杂质，以防膨胀阀堵塞。

仪表的设置：有利于制冷过程中相关条件、性能（温度、压力等）的了解和监控等。

冷却方式：冷藏库房的冷却方式有直接冷却和间接冷却两种方式。

间接冷却指的是制冷系统的蒸发器安装在冷藏库房外的盐水槽中，先冷却盐水而后再将已降温的盐水泵入库房中吸取热量以降低库温，温度升高后的盐水流回盐水槽再被冷却，继续输至盘管进行下一循环过程，不断吸热降低库温。用以配制盐水的多是氯化钠和氯化钙等。随盐水浓度的提高其制冷温度逐渐降低，因而可根据冷藏库房实际需要低温的程度配制不同浓度的盐水。间接冷却方式的盘管多安置在冷藏库房的天花板下方或四周墙壁上。制冷系统工作时盘管周围的空气温度首先降低，降温后的冷空气随之下沉，附近的热空气补充到盘管周围，于是形成库内空气缓慢的自然对流。这种冷却方式由于降温时间较长，冷却效益较低，且库房内温度不易均匀，故在新鲜园艺产品冷藏专用库中很少采用。

直接冷却方式是指将制冷系统的蒸发器安装在冷藏库房内直接冷却库房中的空气而达到降温目的。这一冷却方式有两种情况，即直接蒸发和鼓风冷却。前者有与间接冷却相似的蛇形管盘绕库内，制冷剂在蛇形盘管中直接蒸发。它的优点是冷却迅速，降温速度快。缺点是蒸发器易结霜影响制冷效果，需不断冲霜，温度波动大、分布不均匀且不易控制。这种冷却方式不适合在大、中型园艺产品冷藏库房中应用。鼓风冷却是现代新鲜园艺产品贮藏库普遍采用的方式。这一方式是将蒸发器安装在空气冷却器内，借助鼓风机的吸力将库内的热空气抽吸进入空气冷却器而降温，冷却的空气由鼓风机直接或通过送风管道（沿冷库长边设置于天花板下）输送至冷库的各部位，形成空气的对流循环。这一方式冷却速度快，库内各部位的温度较为均匀一致，且可通过增设加湿装置调节空气湿度。这种冷却方式由于空气流速较快，如不注意湿度的调节，会加重新鲜园艺产品的水分损失，使产品新鲜度和质量下降。

（5）机械冷藏库的通风系统。机械冷藏库的通风系统由室内空气循环和室内外空气交换两部分组成。室内空气循环由室内通风管路和蒸发器及蒸发器内的吸气管路组成，主要保证库房内各个部分气体的畅通和温度的稳定。室内外空气交换一般由专门的通风换气管路和/或进排气孔组成，并通过通风量的需要计算设置。这是因为新鲜园艺产品因代谢旺盛，贮藏期间可产生二氧化碳、乙烯、乙醇等对产品有害的气体，需要及时排除。

（6）机械冷藏库的管理。机械冷藏库用于贮藏新鲜园艺产品时效果的好坏受诸多因素的影响，在管理上特别要注意以下几个方面：

①温度。温度是决定新鲜园艺产品贮藏成败的关键。首先，各种不同园艺产品贮藏的适宜温度不同，即使同一种类品种不同也存在差异，甚至成熟度不同也会有影响。苹果和梨，前者贮藏温度稍低些。苹果中晚熟品种如国光、红富士、秦冠等应采用0℃，而早熟品种则应采用3～4℃。红色的番茄贮藏温度低于绿熟期的果实。选择和设定的温度太高，贮藏效果不理想；太低则易引起冷害，甚至冻害。其次，为了达到理想的贮藏效果和避免田间热的不利影响，绝大多数新鲜园艺产品贮藏初期降温速度越快越好，但对于有些园艺产品由于某种原因应采取不同的降温方法，如鸭梨应采取逐步降温方法，避免贮藏中冷害的发生。

另外，在适宜的温度基础上，要维持库房中温度的稳定。温度波动太大，往往造成产品失水加重。贮藏环境中水分过饱和会导致结露现象，一方面增加了温度管理的困难；另一方面液态水的出现有利于微生物活动繁殖，致使病害发生，腐烂增加。因此，贮藏过程中温度的波动应尽可能小，最好控制在0.5℃以内，尤其是相对湿度较高时（0℃的空气相对湿度为95％时，温度下降至−1.0℃就会出现凝结水）。

此外，库房所有部分的温度要均匀一致，这对于长期贮藏的新鲜园艺产品来说尤为重要。因为微小的温度差异，长期积累造成的影响可达到令人难以相信的程度。

最后，当冷藏库的温度与外界气温有较大（通常超过5℃）的温差时，冷藏的新鲜园艺产品在出库前需经过升温过程，以防"出汗"现象发生。升温最好在专用升温间或在冷藏库房穿堂中进行。升温的速度不宜太快，维持气温比产品温度高3～4℃即可，直至产品温度比正常气温低4～5℃为止。出库前需催熟的产品可结合催熟进行升温处理。

对于少数冷敏性新鲜园艺产品，需要特别注意贮藏期间温度的调控，为避免冷害的发生，冷藏期间常配合采用贮藏前的高温和化学物质处理、贮藏期间的间隙升温和变温处理等措施。

综上所述，冷藏库温度管理的要点是适宜、稳定、均匀及合理的贮藏初期降温和商品出库时升温的速度。通过对冷藏库房内温度的监测，温度的控制可人工或采用自动控制系统进行。

②相对湿度。对于绝大多数新鲜园艺产品来说，相对湿度需控制在80％～95％，较高的相对湿度对于控制新鲜园艺产品的水分散失十分重要。水分损失除直接减轻了重量以外，还会使果蔬新鲜程度和外观质量下降（出现萎蔫等症状），食用价值降低（营养含量减少及纤维化等），促进成熟衰老和病害的发生。

与温度控制相似的是相对湿度也要保持稳定。要保持相对湿度的稳定，维持温度的恒定是关键。库房建造时增设湿度调节装置是维持湿度的有效手段。人为调节库房相对湿度的措施：当相对湿度低时对库房增湿，如地面洒水、空气喷雾等；对产品进行包装，创造高湿的小环境，如用塑料薄膜单果套袋或以塑料袋作内衬等。库房中空气循环及库内外的空气交换可能会造成相对湿度的改变，应引起足够重视。当相对湿度过高时，可用生石灰、草木灰等吸潮，也可以通过加强通风换气来达到降湿目的。

③通风换气。通风换气是机械冷藏库管理的一个重要环节。新鲜园艺产品是有生命的活体，贮藏过程中仍在进行各种生理活动，需要消耗氧气，产生二氧化碳等气体。其中有些对新鲜园艺产品贮藏是有害的，如果菜在正常生命过

程中形成的乙烯、无氧呼吸的乙醇等，需将这些气体从贮藏环境中除去，其中简单易行的方法是通风换气。

通风换气的频率因园艺产品种类和入贮时间长短而定。对于新陈代谢旺盛的产品，通风换气的次数可多些。产品入贮时，可适当缩短通风间隔的时间，如 10～15d 换气一次，待贮藏条件适宜后，可 1 个月换气一次。

通风时要求做到充分彻底。通风换气时间的选择要考虑外界环境的温度，理想的是在外界温度和贮温一致时进行，防止库房内外温度不同带入热量对产品造成不利影响。生产上常在一天温度相对最低的晚上到凌晨进行。在冷库中安装空气洗涤装置也可以使库房内气体清新。

④机械冷库的检查。新鲜园艺产品在贮藏过程中，不仅要注意对贮藏条件（温度、相对湿度）的检查、核对和控制，并根据实际需要记录、绘图和调整等，还要组织对贮藏库房中的商品进行定期检查，了解园艺产品的质量状况和变化，做到心中有数，发现问题及时采取相应的措施。对商品的检查应做到全面和及时，对于不耐贮新鲜园艺产品间隔 3～5d 检查一次，贮藏性好的可 15d 甚至更长时间检查一次，检查要做好记录。

【任务实践】

实践一　菠菜的冻藏

1. 贮藏特性　菠菜有圆形叶和尖形叶两类，冻藏用的菠菜应选耐寒性较强的尖形叶品种，或尖圆形叶的杂交种，如山东大叶、唐山牛舌菠菜、北京红头菠菜等。一般来讲，菠菜地上营养器官可忍受 -9℃ 低温，菠菜在冻结状态下可以长期贮藏，在速冻菜中冷藏品质最高，解冻后仍能恢复原来的新鲜状态。菠菜最适的贮藏条件是：温度 -4～-5℃，空气相对湿度 90%～95%。当湿度过低时，菠菜中水分大量散失，茎叶萎蔫变黄，质地变粗，失重率高，品质下降。

2. 冻藏方法　用于冻藏的菠菜一般在地面刚结冰又未冻时采收最好，采收后摘除枯黄烂叶，就地捆扎，放到风障北侧或其他阴凉地预贮，稍加覆盖。然后在风障后 20cm 处平行做畦，畦宽 80～150cm。埋藏时将成捆菠菜根朝下、叶朝上放在畦中，码成 2～4 行，行间留 10cm 空隙，从畦外取土先填在菜捆行的间隙中，再把全畦菜捆用土围起来，拍成 25cm 高和厚的土帮，最后在上方薄盖一层约 5cm 厚的土，起挡风保湿、防叶片受冷风吹袭和防晒的作用。菜捆上覆土后很快冻结，随气温下降，菜捆由顶部往下结冻，当冻至菜捆中腰时第二次覆土 10cm 左右，以后再覆一次土，总覆土厚度 25cm 左右。气温更低时，还需覆土，或在其上盖草帘。

解冻上市一般在 12 月开始至翌年 2 月底。解冻方法：刨冻土时不要碰伤菜捆，搬动时不要损伤菜叶，避免造成机械损伤，要用双手托住菜捆根部，运到温度较低的菜窖或冷室，室温一般 0～2℃，湿度要大，让冻结的菠菜慢慢解冻，不可过急。解冻时，菠菜叶子细胞间隙的冰晶会逐渐溶化，回到叶子细胞中，叶片恢复膨压，仍能恢复到原来的鲜嫩状态，不会影响产品品质。经 3～5d 待植株全部解冻后，打开菜捆及时整理，摘除发黄和烂叶，削去主根，洗净后上市。

实践二　柿子的冻藏

1. 贮藏特性　柿子的品种很多，耐贮性差异较大，一般晚熟品种较耐贮藏，如磨盘柿、莲花柿、镜面柿、牛心柿、鸡心黄柿、火罐柿等。用于贮藏的柿子应在果实成熟而肉质脆硬时采收。柿子适宜的贮藏温度为 $-1～0℃$，相对湿度为 85%～90%。还可在 0℃以下自然低温冻藏，或在 $-20℃$ 以下人工速冻后在 $-10℃$ 下贮藏。

2. 冻藏方法　柿子收获后放在背阴处的果架上，随着气温的逐渐降低任其冻结，直至次年气温转暖时销售。或者在平地上挖几条深和宽各 33cm 的平行小沟，铺 7～10cm 厚的秸秆层，上面放柿果 5～6 层，堆的四周用席子围好，堆上盖一层苇席，待柿果自然冻结后再覆盖 30～60cm 厚的干草，以保持贮藏期间稳定的低温并防止柿子受风吹干。春季气温转暖后，可用土将沟道两端堵实，以防柿子化冻，可延长贮藏期。在冻藏过程中，柿子不宜随意搬动，防止由于外部压力使果实受伤，引起解冻后败坏。冻藏的柿子一般趁冻结状态出售，解冻后耐贮性降低，不易保存。

实践三　桃的冰窖贮藏

1. 贮藏特性　不同品种桃的耐贮性差异很大，一般早熟品种不耐贮藏和运输，如水蜜桃和五月鲜桃。中晚熟品种的耐贮性较强，如山东肥城桃、陕西冬桃等。桃属于呼吸跃变型果实，低温、低氧及高二氧化碳都可以减少乙烯的生成量而延长贮藏寿命。桃对低温比较敏感，很容易发生低温伤害。在 $-1℃$ 以下就会引起冻害，一般贮藏适温为 0～1℃。果实在贮藏期比较容易失水，要求贮藏环境有较高的湿度，以 90%～95% 为宜。

2. 冰窖贮藏方法　在大寒前后人工凿取河流、湖泊中天然冻结的冰，将冰凿成厚 30～40cm，长和宽各约 1m 的大块运至冰窖中贮藏备用，窖底冰块下铺 40～50cm 厚的秸秆，以防冰化后积水，然后密封窖门贮冰。桃成熟采收完毕，用 1℃ 的凉水预冷后，用纸将单个果实包装入果筐或果箱中。将窖内冰块移开，窖底和四周码放一层冰块，厚约 40cm。将果筐放于冰上码垛，堆与果筐之间填满碎冰，每堆完一层，就在其上面放一层冰块，重复交叠。垛好后，再在垛顶层之上覆盖约 1 m 厚的稻壳、锯末、稻秆或炉渣等隔热材料。贮藏中窖门一定要注意封严，必须开窖检查时，尽量缩短时间，以防外界高温对窖温的影响。窖温以保持 0～1℃为宜，当出现冰块融化、温度回升的情况，则立刻将果实出窖上市。

实践四　李子的冰窖贮藏

1. 贮藏特性　我国栽培的李子耐贮品种有西安的大黄李、河南的济源甘李、广东从化的三华李、辽宁葫芦岛的秋李等。李子适宜的贮藏温度 0～1℃，相对湿度 85％～90％，氧气浓度 3％～5％，二氧化碳浓度 5％。

2. 冰窖贮藏方法　于大寒前后人工采集天然冰块或洒水造冰。冰块大小为 30～40cm 厚，长宽各 1m，贮于窖中，待李果成熟时用于贮藏降温。选耐贮性较好的李果，适时无伤采收，预冷后装箱运往冰窖。窖底及四壁留 0.5m 厚的冰块，将果箱堆码其上，一层果箱一层冰块，并于间隙处填满碎冰。堆好后顶部覆盖厚约 1m 的稻草等隔热材料，以保持温度相对稳定。冰窖贮藏时应注意封闭窖门，尽量将窖温控制在 0～1℃。

实践五　花椰菜的冷库贮藏

1. 贮藏特性　花椰菜球肉质柔嫩，含水较多，无保护组织，喜凉爽湿润。花椰菜适宜的贮藏温度为 0～1℃，相对湿度为 90％～95％。贮藏花椰菜要控制好温度，当贮藏温度高于 8℃时，花球易变黄，变暗，出现褐斑，甚至腐烂。低于 0℃时，易发生冻害，表现为花球呈暗青色，或出现水渍斑，品质下降，甚至失去食用价值。贮藏环境湿度过低或通风过快，会造成花球失水萎蔫，从而影响贮藏性；湿度过大，有利于微生物生长，容易发生腐烂。另外，花椰菜品种、产地和收获时期对贮藏性也有一定影响。

2. 冷库贮藏方法　采收后的花椰菜要进行预贮，在阴凉处存放 1～2h，严防风吹日晒和雨淋，待叶片失水变干时，将叶片拢至花球，用草绳稍加捆扎即可。

将优质的花椰菜装入经过消毒处理的筐或箱中，经充分预冷后入贮。入库前要对冷库进行彻底消毒，冷藏库温度控制在 0～1℃，相对湿度控制在 90％～95％。花椰菜在冷库中要合理堆放，防止压伤和污染。冷藏的整个过程要注意库内温、湿度控制，避免波动范围过大，同时，应该及时剔除烂菜。

实践六　甜椒的冷库贮藏

1. 贮藏特性　甜椒含水量高，贮藏环境中湿度过低，果实容易失水萎蔫、腐烂和后熟变红。长期贮藏的甜椒，应选择肉质肥厚、色泽较深、果皮光亮的晚熟品种。在甜椒采摘和运输过程中要防止机械损伤，否则会产生伤呼吸和细菌感染而引起腐烂变质。试验证明，霜前采收的甜椒，在较低温度下贮藏可以延缓甜椒的后熟。甜椒适宜的贮藏温度为 7～11℃，相对湿度为 90％～95％。

2. 冷库贮藏方法　入库前，应对库房进行彻底消毒，可用 20％的过氧乙酸按 5～10 mL/m³ 的用量加热熏蒸，或配成 1％的水溶液喷洒。采收后经过简单处理的甜椒预冷至 10℃，将库内地面用垫仓板架空，将甜椒堆码于板上，注意堆垛与墙体、天花板要留一定距离，堆与堆之间留一定空隙。在贮藏期间根据品种不同，控制贮藏温度在 9～11℃。甜椒在贮藏期间容易发生冷害及其他病害，要经常检查，发现问题及时处理。

实践七　梨的冷库贮藏

1. 贮藏特性　见任务一，实践五：梨的棚窖贮藏

2. 冷库贮藏方法　梨采收后，需要进行预贮或预冷处理，以排出田间热，在预贮或预冷处理时，可采取强制通风方式和机械降温方式。在降温处理时速度不宜过快，并且温度不宜过低，一般预冷至 10～12℃ 时就应采取缓慢降温方式逐渐达到适宜贮温。冷库的准备及入库垛码的方式按冷藏管理要求进行。

实践八　哈密瓜的冷库贮藏

1. 贮藏特性　哈密瓜品种不同其耐贮藏性差异较大。根据生育期的长短和成熟时间可分为早熟、中熟、晚熟 3 种类型。早熟、中熟品种生育期短，瓜肉疏松，呼吸旺盛，生产的乙烯、醇类和醛类等挥发性物质较多，不耐贮藏，采后最好立即上市销售。晚熟品种生育期长，瓜肉致密，呼吸强度低，生产的乙烯、醇类和醛类等挥发性物质较少，耐贮运。

哈密瓜具有后熟作用，低温可抑制后熟，并延长贮藏期。贮藏温度因品种成熟期不同而异，晚熟品种 3～4℃，2℃ 以下发生冷害。早熟、中熟品种 5～8℃ 为宜。贮藏环境相对湿度以 80％～85％ 为宜，一般不超过 90％，湿度过高容易发生腐烂。

2. 冷库贮藏方法　入库前要对果实进行预冷处理，预冷条件为 4～5℃，相对湿度 85％，预冷 24h 后可入库贮藏。库房需要进行消毒处理并提前降到贮藏适宜温度，入库垛码时按要求进行。贮藏期间温度管理要根据品种需要做出调整，相对湿度一般以 82％～85％ 为宜。贮藏期勤检勤查，发现问题及时处理。条件控制得当的晚熟品种可贮藏 3～4 个月，甚至更长。

【关键问题】

低温贮藏过程中，温度和相对湿度如何调控？

温度是最重要的贮藏环境条件，它既影响果蔬的各种生理生化过程，又影响微生物的活动；温度还同其他环境条件有着密切关系，所以在贮藏保鲜中首先注意温度的控制。贮藏环境中相对湿度的高低，一方面影响果蔬的蒸腾作

用，另一方面影响微生物的活动。因此，在实际控制贮藏湿度时，必须全面考虑，兼顾两方面的影响，分析矛盾的主要方面，将湿度维持在一个适当的水平。

【思考与讨论】

1. 哪些蔬菜适合冻藏？
2. 机械冷库制冷设备由哪几部分组成？
3. 机械冷库如何进行管理？

【知识拓展】

1. 机械冷库中园艺产品的入贮及堆放　新鲜园艺产品入库贮藏时，如已经预冷的产品可一次性入库，然后建立适宜条件进行贮藏。若未经预冷处理，则入库应分次分批进行。除第一批外，以后每次的入贮量不应太多，以免引起库温的剧烈波动和影响降温速度。在第一次入贮前可对库房预先制冷并保持一定的冷量，以利于产品入库后使产品温度迅速降低，入贮量第一次不超过该库总量的 1/5，以后每次以 1/10～1/8 为好。

商品入贮时如何堆放对贮藏有明显影响。堆放的总体要求是"三离一隙"，目的是为了使库房内的空气循环畅通，避免发生死角，及时排除田间热和呼吸热，保证各部分温度稳定均匀。"三离"指的是离墙、离地面、离天花板。一般产品堆放时应距墙 20～30cm；离地指的是产品不能直接堆放在地面上，用垫仓板架空可以使空气在垛下形成循环，保持库房各部位温度均匀一致；应控制堆的高度不要离天花板太近，一般离天花板 50～80cm，或者低于冷风管道送风口 30～40cm。"一隙"是指垛与垛之间及垛内要留有一定的空隙，以保证冷空气进入垛间和垛内，排除热量。垛内空隙的多少与垛的大小、堆码的方式密切相关。商品堆放时要防止倒场（底部容器不能承受上部重力）情况的发生，可在堆码到一定高度（如 1.5m）时用垫仓板衬一层再堆放。

新鲜园艺产品堆放时，要做到分等分组、分批次存放，尽可能避免混贮。不同种类的产品，其贮藏条件有差异，即使是同一种类，品种、等级、成熟度不同，栽培技术措施不一样等均可能对贮藏条件选择和管理产生影响。因此，混贮对于产品是不利的，尤其对于需长期贮藏，或相互间有明显影响的如串味、对乙烯敏感性强的产品等，更是如此。

近年来，新鲜园艺产品的堆放呈现货架化趋势，可节省建设成本，提高库房利用率，方便库房管理，改善贮藏条件（库房气体流通和温度分布均匀）；但货架化会使容积率下降，同时需要专门设备，增加了贮藏成本。

2. 机械冷库使用的常见问题及维护保养

（1）制冷压缩机组没有减振安装，或者减振效果不佳。根据安装规范，应该安装机组整体减振装置，如果减振不规范或者没有减振措施，会使机器振动剧烈，容易造成管路振裂，设备振坏，甚至机房振坏。

（2）制冷剂管路连接不均衡。机组管路在连接到一组多台压缩机时，要使回油均衡分配到各压缩机，必须将主管道接口设置在位于多台机头的中间位置，然后分别向两侧设置一些分支管路，让回油均衡流入多个压缩机分支管。

（3）管路未作保温。如果没有保温材料，冷管路会在环境温度下结霜，从而影响制冷效果，使机组负荷增加，进而使机组超强度运行，减少机组使用寿命。

（4）要定期检查各项技术指标，及时调整。及时检查和调整系统的运行温度及压力的高低，润滑油和制冷剂的量。系统应该有自动控制和压缩机报警装置，一旦出现问题，就会发出报警提示，或者自动保护性关机，压缩机停止运作。

（5）冷库的维护保养。要定期更换润滑油、过滤器，根据需要补充制冷剂。冷凝器要随时清洗，保持清洁，以免灰尘、泥沙或飞絮杂物影响制冷效果。有人认为，润滑油只要没有杂质，就可以继续使用，虽然已使用两年以上，也不必更换，这显然是错误的。润滑油在系统里高温下运行很长时间，其性能可能已发生改变，不能再起到应有的润滑等作用，如果不更换，将会使机器运行温度升高，甚至损坏机器。

（6）冷风机的安装环境和维护问题。冷风机在冷库内部的位置和环境直接影响其运行。通常在靠近冷库门的冷风机容易结露结霜。由于处于门口，开门时门外热气流进入后遇到冷风机，发生冷凝结霜，甚至结冰。虽然冷风机可以定时自动加热除霜，但如果开门过于频繁、时间过长，热气流进入的时间长、数量大，风机除霜效果就不佳。因为冷风机除霜时间不可能太长，否则制冷时间就相对缩短，制冷效果就不好，不能保证所需库温。

（7）排出冷风机除霜时融化水的问题。这个问题与结霜程度有关。风机结霜严重，必然产生大量冷凝水，风机接水盘承受不了，排水不畅，就会漏下来，流到库内地面，如果下面有存放货物，就会浸泡货物。在这种情况下，可以加装接水盘，并安装较粗的导流管，排除冷凝水。

（8）冷凝器风扇电机的问题。冷凝器风扇电机是一个易损部件，在高温环境中长时间运行可能出现故障和损坏。可储备一些易损零部件，以便及时维修之用。

（9）冷库温度和冷库门的问题。一个冷库房，面积多大，存货量多少，开设多少扇门，门的开启和关闭时间和频率，存货的进出频率，货物吞吐量等都是影响库内温度的因素。一般冷库房的门，一天之内开启和关闭的次数应不超过 8 次。如果无限次数的开关，冷库自动门的机械部件和边框保温材料都会加快磨损，电器部件也更容易出现故障。如冷库门出现故障不能及时开启，将影响进出货物；如库门不能关闭，将使冷库温度升高。冷库的设计、建设和冷库门的设置及数量，要根据存货量、开关门的频率等综合安排。冷库使用单位也要根据设计规范合理使用冷库，不能不顾设计条件和设施实际状况，盲目加大存货量和提高货物周转量，超过设施和设备的正常负荷和承受能力。

【任务安全环节】

冷库内温度较低，人员进入之前需要做好防寒措施，以防冻伤。

任务三　气调贮藏

【案例】

气调贮藏是指在一定的封闭体系内，通过调整和控制果蔬贮藏环境的气体成分和比例以及环境的温度和湿度来延长果蔬的贮藏寿命和货架期的一种技术。

法国科学家首先研究了空气对苹果成熟的影响。1860 年英国建立了一座气密性较高的贮藏库，用于苹果贮藏，试验结果表明苹果质量良好。20 世纪初，美国研制成功燃料冲洗式气体发生器，通过燃烧丙烷，使空气中 O_2 减少、CO_2 增高，从而实现气调贮藏。我国气调贮藏研究始于 20 世纪 70 年代后期，于 1978 年在北京建成第一座 50t 的实验性气调库。

气调贮藏分为自发气调贮藏和人工气调库贮藏，其中人工气调库（图 2-3）贮藏是目前国际上园艺产品保鲜的最先进和最有潜力的现代化贮藏手段。那么，人工气调库由哪些部分组成的呢？

案例评析：人工气调库主要包括：

1. 隔热结构　气调贮藏库一般

图 2-3　人工气调库

采用预制隔热嵌板建造库房。嵌板两面是表面凹凸状的金属薄板（镀锌钢板、镀锌铁板或铝合金板等），中间是隔热材料聚苯乙烯泡沫塑料，采用合成的热固性结合剂，将金属薄板牢固地结合在聚苯乙烯泡沫塑料板上。嵌板用铝制呈"工"字形的构件从内外两面连接，在构件内表面涂满可塑的丁基玛蹄脂，使接口处完全地、永久地密封。在墙角、墙和天花板等转角处，皆用直角形铝制构件连接，并用特制的铆钉固定。这种预制隔热嵌板，既可以隔热防潮，又可以作为隔气层。地板是在加固的钢筋混凝土的底板上，一层塑料薄膜（多聚苯乙烯等，0.25mm 厚）作为闭（密）气障膜，一层预制隔热嵌板（地坪专用），再一层加固的（10cm 厚）钢筋混凝土为地面。这种方法具有施工简单、经济、美观、卫生等特点。

2. 气密结构　库内壁喷涂泡沫聚氨酯（聚氨基甲酸酯）可获得非常优异的气密结构，并兼有良好的保温性能，在现代气调库建筑中广泛使用。喷涂 5.0~7.6cm 厚的泡沫聚氨酯可相当于 10cm 厚聚苯乙烯的保温效果。在喷涂前应先在墙面上涂一层沥青，然后分层喷涂，每层厚度约 1.2cm，直至喷涂达到所要求的厚度。气密性测试的方法：用一个风量为 $3.4m^3/min$ 离心鼓风机和一支倾斜式微压计与库房边连接。关闭所有门洞，开动风机，把库房压力提高到 98.1Pa（10mm 水柱）后，停止鼓风机转动，观察库房压力降到 49.0 Pa（5mm 水柱）所需的时间。

3. 库门　库门要求保温密封。现代化库房都使用机械操作，库门很大，不容易做到密封。常用的做法是设一道门或设两道门，一般在门上设观察窗和手洞，方便观察和从库内取样。

4. 气压袋　气调冷藏库内常常会发生气压的变化（正压或负压），如吸除 CO_2 时，库内就会出现负压。为保证库房的气密性，需要设置气压袋。气压袋常做成一个软质不透气的聚乙烯袋子，体积为贮藏容积的 1%~2%，设在贮藏室的外面，用管子与贮藏室相通。贮藏室内气压发生变化时，袋子膨胀或收缩。因而可以始终维持贮藏室内外气压基本平衡。但这种设备体积大，占地多，现多改用水封栓，保持 10mm 厚的水封层，贮藏库内外气压差超过 98.1Pa（10mm 水柱）时便起自动调节作用。

【知识点】

1. 气调贮藏的原理与特点　新鲜果蔬采摘后，仍在进行旺盛的呼吸作用和蒸腾作用，即从空气中吸收 O_2，分解消耗自身的营养物质，产生 CO_2、水和热量，使果蔬的营养成分、质量、外观和风味发生不可逆的变化，这不仅降低了果蔬的食用品质，而且使其组织逐渐衰老，影响耐藏性和抗病性。由于呼吸要消耗果蔬采摘后自身的营养物质，所以延长果蔬贮藏期的关键是降低呼速率，即在维持正常生命活动，在保证抗病能力的前提下，把呼吸强度降低到最低水平，使之最低限度地消耗自身体内的营养，以达到延长保鲜期，提高贮藏效果的目的。降低 O_2 和提高 CO_2 浓度，能降低果蔬的呼吸强度并推迟呼吸高峰的出现，O_2 浓度必须低于 7％时才对呼吸强度有抑制作用，但不得低于 2％，否则易出现无氧呼吸；CO_2 对呼吸的抑制作用是浓度越高，抑制作用越强；贮藏环境中同时降低 O_2 浓度和提高 CO_2 浓度，对降低果蔬呼吸作用更为显著，不同 O_2 和 CO_2 的浓度配比对果蔬呼吸作用的抑制程度不同。

乙烯是一种植物激素，能促进果实的生长和成熟，并能大大加快产品的后熟和衰老过程，从 ACC（一种乙烯前体物质）到乙烯是需氧过程，在低氧或缺氧的情况下可以抑制 ACC 向乙烯转化，而且低氧可减弱乙烯对新陈代谢的作用。低浓度 CO_2 会促进 ACC 向乙烯的转化，高浓度 CO_2 抑制乙烯的形成，延缓乙烯对果蔬成熟的促进作用，还可干扰芳香类物质的挥发。

好气性微生物在低氧环境下，其生长繁殖受到抑制。O_2 的浓度还和某些果蔬的病害发展有关。如苹果的虎皮病，随着 O_2 浓度的下降而减轻。高浓度的 CO_2 也能较强地抑制某些微生物生长繁殖。

综上所述，气调贮藏的原理是在维持园艺产品正常生命活动的前提下，降低贮藏环境中的 O_2 浓度，提高 CO_2 浓度，进而降低园艺产品呼吸强度和底物氧化作用，减少乙烯生成量，降低不溶性果胶物质分解速度，延缓成熟进程，延缓叶绿素分解速度，提高抗坏血酸保存率，明显抑制园艺产品和微生物的代谢活动，最终达到延长园艺产品贮藏寿命的目的。

气调贮藏是国际上园艺产品贮藏保鲜最先进的手段，有明显的优势，主要表现在：①贮藏时间长，气调贮藏综合了低温和环境气体成分调节两方面的技术，推迟了成熟衰老，较大程度地延长了果蔬贮藏期。②保鲜效果好，气调贮藏应用于新鲜园艺产品贮藏时，能延缓产品的成熟衰老，抑制乙烯生成，防止病害发生，使经气调贮藏的水果色泽亮，果柄青绿，果实丰满，果味纯正，汁多肉脆，与其他贮藏方法比，气调贮藏引起的水果品质下降较轻。③减少贮藏损失，能产生良好的社会和经济效益。货架期长，经气调贮藏后的水果由于长期处于低 O_2 和较高 CO_2 的作用下，在解除气调状态后，仍有一段很长时间的"滞后效应"。④"绿色"贮藏，在果蔬气调贮藏过程中，由于低温，低 O_2 和较高 CO_2 的相互作用，基本可以抑制病菌的发生，贮藏过程中基本不用化学药物进行防腐处理。其贮藏环境中，气体成分与空气相似，不会使果蔬产生对人体有害的物质。在贮藏环境中，采用密封循环制冷系统调节温度。使用饮用水提高相对湿度，不会对果蔬产生任何污染，完全符合食品卫生要求。

但气调贮藏也存在一些缺点。首先，气调贮藏对温度的控制和调节要求比较高，气体浓度也需要精准调控，否则容易造成高浓度 CO_2 和低浓度 O_2 伤害，导致生理失调，成熟异常，产生异味，加重腐烂。其次，并非所有的园艺产品都适合气调贮藏，如马铃薯、葡萄气调贮藏就无明显效果，花卉一般不采用气调贮藏。此外，气调贮藏成本较高。

2. 气调贮藏的环境条件

（1）温度。一般来说，采取气调措施，即使温度较高也能收到一定的贮藏效果。但不能由此认为进行气调贮藏就可以忽视温度控制。降低温度对抑制呼吸、延缓后熟衰老、延长贮藏寿命的重要性是其他因素不可替代的。例如，在不同的温度条件下气调贮藏黄瓜 30d，结果在 10～13℃下，绿色好瓜率为95%；在 20℃下，绿色好瓜率仅为 25%，其余为半绿或完全变黄，没有烂瓜；在 5～7℃下，虽然全部保持绿色，却有 70% 发生冷害和腐烂。

温度的选择要根据果蔬的种类和品种而定。原则上，在保证果蔬正常代谢不受影响的情况下，尽量降低温度，并保持稳定。通常，果蔬气调贮藏中，选择的温度要比普通空气冷藏温度高 1～3℃。因为这些植物组织在 0℃左右低温下对 CO_2 很敏感，容易发生 CO_2 伤害，在稍高的温度下，这种伤害可避免。果品的气调贮藏温度，除香蕉、柑橘等较高外，一般在 0～3.5℃。

（2）相对湿度。在气调贮藏中，较高的相对湿度可以避免果蔬中水分过多散失，可使果蔬保持新鲜状态，保持较强的抗病力。一般果品的相对湿度为90%～93%，蔬菜为 90%～95%。但也要防止因湿度过高而出现结露现象。通常，气调贮藏库的相对湿度不能满足产品要求，需采用增湿措施。

（3）气体成分。对于新鲜果蔬，低浓度 O_2 有利于延长果蔬的保存期。但必须保证果蔬气调贮藏室内的 O_2 浓度不低于其临界需氧量。许多研究表明，引起多数果蔬无氧呼吸的临界 O_2 浓度为 2%～2.5%。

高浓度 CO_2 对于果蔬一般有下列效应：降低导致成熟的合成反应（如蛋白质、色素的合成）；抑制某些酶的活动（如琥珀酸脱氢酶、细胞色素氧化酶）；减少挥发性物质的产生；干扰有机酸的代谢；减弱果胶物质的分解；抑制叶绿素的合成和果实的脱绿；改变各种糖的比例。但过高的 CO_2 浓度，也会产生不良效应。一般的用于水果气调的 CO_2 浓度在 2%～3%，蔬菜气调的 CO_2 浓度在 2.5%～5.5%。

贮藏中园艺产品有少量乙烯释放，乙烯具有催熟作用，这与采用气调贮藏的原则是相违背的，因此要尽量将乙烯从气调库中排除。

由于果蔬的呼吸作用会随时改变已经形成的 O_2 和 CO_2 的浓度比例，同时，各种果蔬在一定条件下都有一个能承受的 O_2 浓度下限和 CO_2 浓度上限，因此在气调贮藏中，选择和控制合适的气体配比是气调操作管理中的关键。

3. 气调贮藏的方法

(1) 自发气调贮藏。自发气调贮藏（MA 贮藏）又称简易气调或限气贮藏，是在相对密闭的环境中（如塑料薄膜密闭），依靠贮藏产品自身的呼吸作用和塑料膜具有一定程度的透气性，自发调节贮藏环境中的 O_2 和 CO_2 浓度的一种气调贮藏方法。塑料薄膜密闭气调法使用方便，成本较低，可设置在普通冷库内或常温贮藏库内，还可以在运输中使用，是气调贮藏中的一种简便形式。

用于果蔬密闭贮藏保鲜的薄膜种类很多，目前广泛应用的材料有低密度聚乙烯（LDPE）、高密度聚乙烯（HDPE）、聚氯乙烯（PVC）、聚丙烯（PP）、聚乙烯醇（PVA）等，它们与硅橡胶模黏合可制成硅窗气调袋（帐）。

MA 有以下几种主要形式。

①薄膜单果包装贮藏。主要用于苹果、梨、柑橘等水果的贮运，多选用 $0.01\sim0.015$mm 厚的聚乙烯薄膜袋单果包装。

②薄膜袋封闭贮藏。将园艺产品放入塑料薄膜袋内，密封后放置于库房中贮藏。

③塑料大帐密封贮藏。园艺产品用透气的包装容器盛装，码成垛，垛底铺一层薄膜垫底，再摆放垫木，将盛装产品的容器架空。码好的垛用塑料帐罩住，帐子和垫底薄膜的四边互相重叠卷起埋入垛四周的小沟中，或用其他重物压紧，使帐子密闭。也可用活动贮藏架在装架后整架密闭。比较耐压的一些产品可以散堆到帐架内再进行封帐。密封帐多做成长方形，在帐的两端分别设置进气袖口和出气袖口，供调节气体用。在密封帐上还应设置供取分析气样的取气孔，密封帐多选用 $0.07\sim0.20$mm 的聚乙烯或无毒聚氯乙烯塑料薄膜。密封帐可设置在普通冷库或常温库内。

④硅橡胶窗气调贮藏。用硅橡胶窗作为气体交换窗，镶在塑料帐或塑料袋上，起自动调节气体成分的作用，称为硅橡胶窗气调贮藏。

(2) 人工气调贮藏。人工气调贮藏（CA 贮藏）是利用机械设备人为地控制贮藏环境中的气体组成，使园艺产品贮藏期延长，贮藏质量进一步提高的方法，是发达国家大量长期贮藏园艺产品的主要方法。但需设备条件和贮藏成本高，一定程度上限制了其广泛应用。

人工气调贮藏按贮藏环境中 O_2 和 CO_2 的含量可分为以下几类：

单指标：CA 贮藏仅控制贮藏环境中的某一种气体如 O_2、CO_2 或 CO 等，而对其他气体不加调节。这一方法对被控制气体浓度的要求较低，管理较简单，但被调节气体浓度低于或超过规定的指标时有导致伤害发生的可能。我国习惯上把 O_2 和 CO_2 含量的总和在 2%～5%范围内的称为低指标，5%～8%范围内的称为中指标。大多数冷藏货都以低指标为最适宜，效果较好。但这种贮藏方式管理要求较高，设施也较为复杂。

多指标：CA 贮藏不仅控制贮藏环境中的 O_2 和 CO_2，同时还对其他与贮藏效果有关的气体成分如乙烯、CO 等进行调节。这种气调贮藏效果好，但调控气体成分的难度高，需要在传统气调基础上增添相应的设备，投资增大。

大部分水果和蔬菜气调贮藏的标准气体比例是 O_2 浓度 $2\%\sim3\%$，但许多研究发现进一步降低 O_2 浓度（低于 1.0%）会更有利，并且低氧下贮藏的果实硬度和可滴定酸含量均高，贮藏效果好。但 O_2 浓度过低会使果实产生伤害，造成严重损失，生产上需要特别注意。

低乙烯气调贮藏：因为乙烯可以加快果实衰老，利用乙烯脱除剂清除环境中的乙烯，使其浓度保持在 1.0% 以下，可有效抑制后熟，延长贮藏期。但该方法需专门的乙烯脱除剂及设备，成本较高，小范围处理可采用高锰酸钾和硅酸盐制剂以及乙烯抑制剂。

双相变动气调贮藏：在入贮初期采用高温（$100\,℃$）和高 CO_2（12%），以后逐步降低温度和 CO_2 浓度，可以有效保持果实品质和果肉硬度，抑制果实中原果胶的水解，乙烯的生物合成和果实中 ACC 的积累，从而有效延长贮藏期，双变气调由于在贮藏过程中变动了温度和 CO_2 两项指标，因而可大大节约能源，提高经济效益。

减压气调贮藏法：该方法是通过真空泵将贮藏室内的一部分气体抽出，使室内的气体降压，同时将外界的新鲜空气经压力调节装置降压，通过加湿装置提高湿度后输入贮藏室。在贮藏期间，真空泵和输气装置应保持连续运转以维持贮藏室内恒定的低压，使果蔬始终处于恒定的低压、低温和新鲜的气体环境之中。

气调设备：主要包括制氮设备、CO_2 清除装置、乙烯脱除装置。调节气体的主要设备是制氮机，有燃烧式、碳分子筛式和中空纤维膜制氮机，其中碳分子筛使用较为广泛。CO_2 消除系统常用的有 NaOH 洗涤器、消石灰吸收器、活性炭吸收器等，其作用是将多余的 CO_2 除去。气调贮藏过程中应及时清除环境中的乙烯，采用饱和高锰酸钾溶液或溴化活性炭可以有效地除去环境中的乙烯。

气调贮藏库的管理：气调库不仅有良好的隔热性能，而且要求相当高的气密性能，并且要求围护结构有较大的强度。在降温、调节的过程中，墙内外侧产生压差，若围护结构强度不够，就易出现围护结构胀裂或塌陷事故。入库前对库体内进行全面消毒，检查库的气密性、制冷和调气系统。园艺产品经剔选、分级、包装及预处理后入库，气调库入库要快，尽量堆高装满，让产品尽快进入气调状态。库内气温下降不能太快，以防瞬间造成较大负压，造成库体损坏。要随时注意库内温湿度、O_2 与 CO_2 含量的变化，使其在规定范围内。同时要注意防冷害、CO_2 中毒、缺氧与霉变等。当进入气调状态后，尽量避免频繁开门进出货，最好一次或短期内分批出完。

4. 气调贮藏降氧的方法

（1）自然呼吸降氧法。自然呼吸降氧法指的是最初在气调系统中建立起预定的调节气体浓度，在随后的贮存期间不再受到人为调整，依靠果蔬自身的呼吸作用来降低 O_2 含量和增加 CO_2 浓度。

特点：操作简单、成本低、易推广，特别适用于气密性好的库房，贮藏的果蔬一次性进出库。但对气体成分控制不精细，稍做改进也只是在最初贮藏时加入一些干冰，以快速提高 CO_2 浓度；降氧速度慢，一般需 20d，中途不能打开库门进出货；贮存一段时间后，需补充新鲜空气，以冲淡 CO_2 和补充 O_2；果蔬在贮藏过程中产生的乙烯等气体易在库内积累。

（2）快速降氧法。快速降氧法，又称人工降氧，利用人工调节的方式，在短时间内将大气中的 O_2 和 CO_2 含量调节至适宜果蔬贮藏比例的降氧方法，有两种方式：

①机械冲洗式气调冷藏：把库外气体通过冲洗式氮气发生器，加入助燃剂燃烧来减少 O_2 含量，从而产生一定成分的人工气体（O_2 为 2%～3%，CO_2 为 1%～2%）送入冷藏库内，把库内原有的气体冲出来，直到库内 O_2 达到所要求的含量为止，过多的 CO_2 可用 CO_2 洗涤器除去。该方法对库房气密性要求不高，但运转费用较高，一般不采用。

②机械循环式气调冷藏：把库内气体借助助燃剂在 O_2 发生器燃烧后加以逆循环再送入冷藏库内，以造成低 O_2 和高 CO_2 环境（氧为 1%～3%，二氧化碳为 3%～5%）。该方法较冲洗式经济，降氧速度快，库房也不需高气密，中途还可以打开库门存取产品，然后又能迅速建立所需的气体组成，所以这种方法应用较广泛。

（3）混合除氧法，又称半自然降氧法。主要包括以下两种：

①充 N_2 自然除氧法：即自然降氧法与快速降氧法相结合的一种方法。用快速降氧法把氧含量从 21% 降到 10% 较容易，而从 10% 降到 5% 较困难，成本高。因此，先采用快速降氧法，使氧气迅速降至 10% 左右，然后再依靠果蔬的自身呼吸作用使 O_2 含量进一步下降，CO_2 含量逐渐增多，当达到规定的空气组成范围后，再根据气体成分的变化进行调节控制。

②充 CO_2 自然降氧法。该法是在果蔬进塑料薄膜帐密封后，充入一定量的 CO_2，再依靠果蔬本身的呼吸及添加硝石灰，使 O_2 和 CO_2 同步下降。这样，

利用充入 CO_2 来抵消贮藏初期高 O_2 的不利条件，效果明显，优于自然降氧法而接近快速降氧法。

（4）减压降氧法。采用降低气压来使 O_2 的浓度降低，同时室内空气各组分的分压都相应下降的降氧方法，又称低压气调冷藏法或真空冷藏法，是气调冷藏的进一步发展。

减压降氧法的原理是采用降低气压来使 O_2 的浓度降低，从而控制果蔬组织自身气体的交换及贮藏环境的气体成分，有效地抑制果蔬的成熟衰老过程，延长贮藏期，达到保鲜的目的。

一般的果蔬冷藏法，出于冷藏成本的考虑，不经常换气，使库内有害气体慢慢积累，造成果蔬品质降低。在低压下，换气成本低，相对湿度高，可以促进气体交换。另外，减压使容器或贮藏库内空气的含量降低，相应地获得了气调贮藏的低氧条件。同时，也减少了果蔬组织内部乙烯的生物合成及含量，起到延缓成熟的作用。

【任务实践】

实践一　番茄气调贮藏

1. 贮藏特性　番茄，别名西红柿、洋柿子，属于喜温性蔬菜，较耐低温，但不耐炎热。番茄采用气调贮藏时，O_2 浓度为 $2\%\sim4\%$，CO_2 浓度为 5% 左右，不能低于 2%，温度 $5\sim10℃$，成熟度高的果实温度可低些，相对湿度 90% 左右。

2. 贮藏方法

（1）塑料大帐简易气调贮藏法。

①入帐与堆垛。在窖内、冷库或其他仓库的地面放面积稍大于大帐底面的塑料薄膜，塑料薄膜的厚度为 $0.1\sim0.2mm$ 的聚乙烯或聚氯乙烯。在薄膜面放垫仓板，使果实底面与地面有 $10cm$ 左右的空间。若无垫仓板，可搭砖、石头或竹片、木板等。在垫仓板下放入消石灰，放置时应均匀地放在油毛毡上，以扩大气体的接触面，提高吸收率，便于取放。一般一个大帐放 $1\,000\sim1\,500kg$ 番茄。

堆垛方法有以下两种：

直接交替式：第一层竖放两排，每排 5 只，宽度为木箱长度，约 $1m$，中间留通风道 $25\sim30cm$，第二层横放两排，每排约 7 只，第三层如第一层，第四层如第二层，一般以 4 层为宜，过高或过低均不便于操作。

"丁"字绞花式：第一层 5 只箱直放，7 只横放，中间留 $10\sim15cm$ 通风道，接着将 7 只箱横放在 5 只直放的箱上，将 5 只横放在 7 只直放的箱上，依次重复,从上至"丁"形成交叉的 4 条通风道。

堆垛完毕,将预先做好的相似大小的塑料薄膜帐罩在垛上,将帐子的下边和铺在地面上的塑料薄膜卷在一起,用木棍或泥土压紧,使整个帐子内部处于密闭状态,两端或旁边预先做一个通气孔,用铁夹子夹住,以便今后取样、通风循环等。入帐工作应分批进行,不应将相隔几天的果实放在一起,以防放出的乙烯催化未成熟的果实。

②空气调节。人工充入氮气吸走氧气的方法:将塑料大帐的一端接上抽气机,另一端的通气孔接上氮气发生器。开动抽气机,抽出帐内的空气,放入氮气,重复几次后,取样分析。一般 O_2 浓度达到 $4\%\sim6\%$ 即可,然后将通气孔扎住。由于番茄果实的呼吸作用,帐内的 O_2 还会不断被消耗,含氧量降至 $2\%\sim4\%$,果实仍能进行呼吸,但不能降至 2%以下,也不能使 CO_2 浓度高于12%,否则,番茄会发生无氧呼吸,体内糖分分解为 CO_2 和乙醇、乙醛等物质,使果实中毒发生变质和腐烂。

放置消石灰:根据贮藏量在封帐前撒消石灰,待 CO_2 浓度稳定一段时间后,开始上升,表明消石灰已失效,应再加入新的消石灰。以后周期性地放置消石灰,使 CO_2 浓度保持稳定。一种简便经济的方法是将消石灰装入袋内,放在大帐的附近,袋的两端有开口,可随时扎住,需要降低大帐内的 CO_2 时,松开袋子的一端与大帐的抽气口连接,另一端与大帐的另一抽气口连接,有条件的使大帐鼓风循环,使消石灰吸收 CO_2。停止吸收时,将一端扎住,另一端可取出和放入消石灰。

③其他管理。翻检:密封贮藏在大帐内的番茄果实要定期翻动检查,贮藏初期翻动的日期间隔可长一些,一般半个月左右一次,随果实的后熟,应缩短翻检周期至一周一次。翻检时将已开始感病或损伤、腐烂的果实及时拣出,余果重新装入箱内,翻检完毕后立即密封,并按前述方法重新调气。

温湿度管理:番茄果实进行呼吸作用会释放热量,所以果实温度比库房温度高 $0.5\sim1\text{℃}$。

气体循环:为了使帐内整体的气体成分一致,必要时可进行人工强制通风。先将一端的大帐通风口与小型鼓风机进口连接,在鼓风机的出口套上一根直径 8cm 左右的橡皮管,连接帐的另一个通风口,开启鼓风机达到循环的目的。

消毒:大帐贮藏的番茄湿度较高,可用防腐剂抑制病菌活动。上海地区常用氯气消毒,方法是从降氧时起即注入一定量氯气,用量为 100kg 番茄加200mL,之后每次降氧时用一次,效果较好。但氯气有毒,使用不方便,剂量大时会产生药害。可用漂白粉代替气态氯,在 1 500kg 的帐内每次施用 0.75kg

漂白粉，每隔10d一次。北京等地用过氧乙酸消毒，将过氧乙酸置盘中放入帐内，用量为0.5%。

（2）硅窗气调贮藏法。塑料大帐气调贮藏的缺点是CO_2浓度达一定量后，若不及时开帐通风换气会使果实造成CO_2中毒。解决这一问题的办法除常进行通风换气外，还可采用硅橡胶。硅橡胶是一类通气性不同于普通塑料的薄膜，其特点是能透过较多的CO_2和较少的O_2，在普通大帐上装上一定数量的硅橡胶（通常称硅窗）薄膜，当帐内CO_2浓度达一定量后，就可通过硅橡胶窗释放出来，而帐内O_2浓度低于一定量后，又可以通过硅橡胶渗透出来，达到自动平衡帐内O_2和CO_2浓度的作用。

①硅窗的制法。有些硅橡胶薄膜可用粘胶带和胶黏剂直接贴在气调帐上，有些硅橡胶薄膜可以直接用热压法连接到塑料帐上。

②硅窗的面积。硅橡胶越薄，透气性越好，硅窗面积越小。试验证明，0.08mm的硅橡胶对维持帐内氧气6%、CO_2 4%左右为好，而0.1mm的可维持O_2 4%、CO_2 12%。此外，果实本身的呼吸强度与温度也影响硅窗，呼吸强度大的需硅窗面积大。但呼吸与温度有关，温度高时硅窗面积比温度低时要大些。呼吸还与秋番茄和春番茄有关，一般秋番茄的呼吸强度低，所需的硅窗面积小。

实践二　柑橘气调贮藏

1. 贮藏特性　柑橘种类及品种繁多，一般都比较耐藏，但不同种类、不同品种间差异较大。柠檬类最耐贮藏；其次是甜橙类，如四川的锦橙、实生甜橙，湖南的大红甜橙，福建的雪柑等，可贮藏半年左右；第三是柑类，如蕉柑、温州蜜柑；宽皮柑橘的耐藏性最差，尤其是四川的红橘。柑橘类果树生长在温暖多雨的亚热带、热带地区，果实贮藏的温度不能太低，低温容易引起冷害。呼吸作用是随温度的升高而增强的，为了抑制呼吸作用，延长贮藏寿命，又需要相应的低温贮藏。不同柑橘品种的贮藏温度差异明显，甜橙在贮藏期100d内以2℃左右为宜，一般为3～5℃，温州蜜柑4～6℃，红橘10～12℃，蕉柑7～9℃，柑10～12℃，柚类7～8℃，柠檬类12～14℃。

2. 贮藏方法　实践证明，甜橙、柠檬和沙田柚适用于塑料包装贮藏。此方法贮藏失重和干疤较少，好果率大幅度增加，新鲜度和饱满度显著提高。

（1）篓装塑料袋贮藏。用稻草或草垫将果篓或果筐底部及四周垫好，放入塑料袋（容量为20～25kg/袋）。果实采收后，用200mg/kg 2,4-D＋25%多菌灵1:500配成的水溶液浸果1～2min，晾干后放入塑料袋内，扎紧袋口，置于阴凉的室内或通风库中贮藏，每20～30d检查一次。

（2）单果包装贮藏。果实采收后，用200mg/kg 2,4-D＋25%小苏打（或

200mg/kg 2，4-D＋25％多菌灵1：500配成的水溶液浸果1～2min，晾干后剔除有机械损伤和病虫斑点的果实。单果放入聚乙烯薄膜小袋内（厚度0.02mm，长180mm，宽130mm），用手拧紧袋口，果蒂朝上置于果箱或果筐中，放入室内阴凉处或通风库内贮藏。贮藏期间每隔20～30d翻果一次，剔出腐烂果。

（3）硅窗气调贮藏。用0.08～0.15mm厚的塑料薄膜制成气调袋，将一定面积的硅窗镶于袋的一侧（10kg袋用硅窗100mm×100mm，20kg袋用硅窗200mm×200mm），果实用200mg/kg 2，4-D＋1 000mg/kg多菌灵配成的水溶液浸果1～2min，晾干后将果实放入气调袋中，扎紧袋口，即可放于室内或通风库内贮藏。也可用0.08mm聚氯乙烯薄膜制成气调袋，一袋可套两箱果实，将800cm² 的D45M2-1型硅橡胶窗镶于袋的一侧。果实经挑选后，用400倍25％多菌灵＋200mg/kg 2，4-D混合液洗果，晾干后装入果箱，堆放在通风室内发汗2d，然后用硅窗气调袋套住果箱，密封袋口，即可放入室内或通风库内贮藏。

实践三　猕猴桃气调贮藏

1. 贮藏特性　猕猴桃也称猕猴梨、藤梨、羊桃、阳桃、木子与毛木果等，原产于中国湖北宜昌市夷陵区雾渡河镇。猕猴桃自然保质期极短，10～15d即开始腐烂。猕猴桃适宜冷藏的温度为－0.5～0℃，相对湿度90％～95％，适宜贮藏的O_2浓度为2％～4％，CO_2浓度为2％～5％。

2. 贮藏方法　气调贮藏有利于延长猕猴桃保鲜期，并较好地保持果实品质，一般贮藏期可超过6个月，是猕猴桃鲜果贮藏的最佳方法。气调贮藏主要方法包括气调冷藏库贮藏法、塑料帐气调贮藏、塑料聚乙烯（PE）膜气调贮藏法、硅窗气调贮藏法等。猕猴桃气调贮藏库的各项指标为：温度（0±0.5）℃，相对湿度大于90％，氧2％～3％，乙烯小于0.01％。王贵禧等对塑料帐气调贮藏的保鲜技术和理论进行了研究，提出了适合我国国情的大帐气调贮藏保鲜方法，认为0.03mm的PE膜可较好地延长猕猴桃贮藏期。

实践四　桃的气调库贮藏

1. 贮藏特性　见任务二，实践三：桃的冰窖贮藏

2. 贮藏方法　猕猴桃桃入库前，认真检查气调库各项设备功能是否完好，是否运转正常，及时排除各种故障。启动制冷机，库内温度降至0℃后备果入库；入库初期库温降至0℃后，启动制氮机和CO_2脱除器分别进行库内快速降O_2和脱除CO_2，使库内温度及气体成分逐渐稳定在长期贮藏的适宜指标。坚持每天测定1～2次库内温度和O_2、CO_2浓度变化，掌握其变化规律，并加以严格控制；认真、定时进行中后期的检查、检测工作，以防库房各种设施出现

故障；果品出库前停止所有气调设备的运转，小开库门缓慢升氧，经过 2～3d，库内气体成分逐渐恢复到大气状态后，工作人员方可进库操作。

【关键问题】

人工气调库有哪些优越性？

（1）很好地保持果蔬原有的形、色、香味。

（2）果实硬度高于普通冷藏。

（3）果实腐烂率低、自然损耗（失水率）低。

（4）延长货架期。由于果蔬长期受低 O_2 和高 CO_2 的作用，当解除气调状态后果蔬仍有一段很长时间的"滞后效应"或休眠期。

（5）适于长途运输和外销。果蔬质量明显改善，为外销创造条件。

（6）许多果蔬能够达到季产年销周年供应，创造了良好的社会和经济效益。

【思考与讨论】

1. 气调贮藏的原理是什么？

2. 自发气调贮藏的形式有哪些？

3. 如何进行人工气调库的管理？

【知识拓展】

1. 减压贮藏　减压贮藏是气调贮藏的发展，是一种特殊的气调贮藏方式，又称为低压贮藏和真空贮藏。其关键是把产品贮藏在密闭的室内，抽出部分空气，使内部气压降到一定程度，并在贮藏期间保持恒定的低压。简言之，减压贮藏的原理：一方面不断地保持减压条件，稀释 O_2 浓度，抑制果实内乙烯的生成；另一方面把果实释放的乙烯从环境中排除，从而达到贮藏保鲜的目的。

随着总的气压降低，O_2 的分压也相应降低，所以减压贮藏必然是低 O_2 浓度条件，其作用性质与气调贮藏降低 O_2 的浓度相同。因此，减压贮藏的效应首先与呼吸和乙烯的动态有关。试验证明，苹果在减压贮藏条件下，其乙烯产量和呼吸强度都明显下降。试验指出，只有当空气压力低于 1/8 大气压时，才会对乙烯的生成起明显抑制作用，进一步降低压力，则效果更明显。从理论上讲，在真空情况下乙烯的生成量将达到最低限度，但是在非常低的气压下，果实进行无氧呼吸且积累酒精，同时果实还会严重失水。因此，根据果蔬的不同种类和不同品种来确定适当的减压度是非常必要的。

低压有助于产品组织内不良气体的挥发，并通过换气及时排出库外，有利于园艺产品的贮藏。低压有抑制微生物生长的作用，其贮藏环境较好，无其他污染。

实用减压系统需要有减压、增湿、通风和低温的效能。减压处理有两种方式：定期抽气式（静止式）和连续抽气式（气流式）。

定期抽气式是将贮藏容器抽气达到要求的真空度后，停止抽气，以后适时补充氧气和抽空以维持恒定的低压。这种方式可促进果蔬组织内乙烯等气体向外扩散，但不能使容器的气体不断向外排除，所以环境中的乙烯浓度仍较高。

连续抽气式是在整个装置的一端用抽气泵连续不断地抽气排空，另一端不断输入新鲜空气，进入减压室的空气经过加湿槽提高室内的相对湿度。减压程度由真空调节器控制，气流速度由气体流量计控制，并保持每小时更换减压室容积的 1～4 倍，使产品始终处于恒定的低压低温的新鲜湿润气流中。

在减压条件下，气流扩散速度很大，产品可以在贮藏室内密集堆积，室内各部位仍能维持较均匀的温湿度和气体成分；在运输中，可以把各种产品混在一起运输而不至于产生严重的相互影响。

减压贮藏要求贮藏室能经受 1.01325×10^5 Pa 以上的压力，所以建造大规模的耐压贮藏库是比较难的，减压贮藏在生产上推广应用还不广泛。在国外，实验室研究涉及大部分果蔬，而商业应用仅局限于运输拖车或集装箱，用于运送珍贵的水果及切花等。

减压贮藏的另一个重要问题是，在减压条件下贮藏产品极易干缩萎蔫，因此必须保持较高的空气湿度，一般在 95％以上。而较高的湿度又会加重微生物病害，所以减压贮藏最好配合使用消毒防腐剂。此外，刚从减压中取出的产品风味不好，但放置一段时间后会有所恢复。

试验证明，减压仓贮藏番茄 135d 后货架期仍在 21d 以上；青椒、尖辣椒、茄子、架豆等减压保鲜期都超过 114d；杧果、杨梅、水蜜桃等减压保鲜期都超过其他方法最佳贮期的 1 倍以上；荔枝在减压保鲜 2 个月后，好果率仍在 95％以上，并无褐变发生。

2. 辐射贮藏 辐射贮藏是一种发展很快的园艺产品贮藏新技术，它是利用辐射源照射园艺产品，起干扰园艺产品基础代谢、延缓成熟与衰老、抑制发芽和杀虫灭菌的作用，从而减少产品腐烂变质，延长保质期。目前已采用的辐射源有放射源、加速电子和由加速电子转化的 X 射线。辐射处理无放射性残留，是一种安全的保鲜技术。辐射保鲜效果与射线的种类、辐照时间、辐射剂量以及产品的性质等因素相关。园艺产品一般采用 1 000～3 000Gy 剂量辐照。

但辐射保藏仍存在一些问题有待于进一步研究，如辐照是否致畸、致癌、致突变；应用于鲜活产品的最佳剂量、辐照后产品的营养成分的损失以及酶的抑制与破坏等。

有研究表明，用 1 500~2 000Gy 剂量的钴 60（^{60}Co）伽马射线照射草莓，在室温或冷藏条件下贮藏期均比未处理的延长 2~3 倍；在 0~1℃下冷藏，贮藏期可达 40d；辐照前进行湿热加热处理（41~50℃）效果更好。辐照处理效果产生的主要原因是辐射杀灭了引起草莓腐败的灰霉、根霉和毛霉等。

3. 其他处理 电磁处理是近年来应用于园艺产品贮藏的一门新技术。电磁处理技术的依据是人为改变生物周围的电场、磁场和带电粒子情况，对生物体的代谢过程产生影响。

（1）电磁处理。产品在一个电磁线圈内通过，控制磁场强度和产品移动的速度，或者流程相反，产品静止而磁场不断改变方向，可使产品受到一定剂量的磁力线切割作用。水果在磁场中运动，其组织生理上会产生一些变化，就同导体在电场中运动要产生电流一样。水分较多的水果（如蜜柑、苹果等）经磁场处理，可以提高生活力，增强抵抗病变的能力。还有研究发现，将番茄放在强度很大的永久磁铁的磁极间，果实的后熟加速，并且靠近南极的比北极的后熟更快。公认的机制可能是：磁场有类似于植物激素的特性，或具有活化激素的功能，从而起催熟作用；激活或促进酶系统而加强呼吸作用；形成自由基加速呼吸而促进后熟。

（2）高压电场处理。将产品放在针板电极的高压电场中，接受连续的（或间歇的）或一次性的电场处理。产品在电场中受电场、负离子和臭氧（O_3）的作用。负离子和 O_3 有如下的生理功能：通过空气中的负离子干扰果蔬表面的电荷平衡，即中和果蔬表面的正电荷，即可延缓其衰老过程；O_3 具有极强的氧化能力，可使果蔬释放的乙烯被氧化破坏从而减少乙烯的致熟作用；负离子和 O_3 对各种病原菌有强烈的抑制作用和致死效应，起到灭菌效果。

（3）负离子和臭氧处理。负离子、臭氧相结合对水果蔬菜具有良好的保鲜效果。当只需要负离子或 O_3 的作用而不要电场的作用时，产品不放在电场内，而是将空气中气体分子电离，制成负离子发生器，借风扇将离子空气吹向产品，使产品在电场外受到离子的作用。

冬枣贮藏的适宜条件：在给贮藏环境提供充足的水分湿度条件下，温度控制在 -2℃，每隔 10d 用 30mg/m³ 的 O_3 处理 0.5h，之后立即除去 O_3；每天抽真空一次，使压力保持在 40.5~47.0kPa。试验表明，该处理可降低果实呼吸强度，抑制酶活性和霉菌繁殖，减缓淀粉和维生素降解速度，防止果实腐烂和冻害发生，保持果实硬度等，冬枣可贮藏 140d，好果率达 92.6%。

模块二 园艺产品贮藏保鲜技术

模块分解

任务	任务分解	要求
1. 果品贮藏技术	1. 苹果 2. 梨 3. 柿子 4. 葡萄 5. 香蕉 6. 猕猴桃 7. 板栗 8. 核桃 9. 荔枝 10. 杧果 11. 菠萝 12. 樱桃 13. 冬枣	1. 了解几种重要果品的贮藏特性 2. 掌握几种重要果品的常用贮藏方法
2. 蔬菜贮藏技术	1. 大白菜 2. 胡萝卜 3. 芹菜 4. 花椰菜 5. 大蒜 6. 黄瓜 7. 甘蓝 8. 马铃薯 9. 芫荽 10. 韭菜 11. 冬瓜 12. 豆角	1. 了解几种重要蔬菜的贮藏特性 2. 掌握几种重要蔬菜贮藏保鲜的方法
3. 观赏植物贮藏保鲜技术	1. 插条的贮藏保鲜 2. 宿根的贮藏保鲜 3. 盆花的贮藏保鲜 4. 切花的贮藏保鲜	1. 了解常见观赏植物的贮藏特性 2. 掌握观赏植物贮藏保鲜的方法

任务一　果品贮藏技术

【任务实践】

实践一　苹果

贮藏方法

(1) 通风库贮藏。通风库条件因贮藏前期温度偏高，中期又较低，一般也只适宜晚熟苹果贮藏。入库时分品种、分等级码垛堆放，堆码时，垛底要垫放枕木（或条石），垛底离地 10～20cm，在各层筐或几层纸箱间用木板、竹篱笆等衬垫，以减轻垛底压力，便于码成高垛，防止倒垛。码垛要牢固整齐，不宜太大，为便于通风，一般垛与墙、垛与垛之间应留出 30 cm 左右空隙，垛顶距库顶50cm 以上，垛距门和通风口 1.5m 以上，以利通风、防冻。贮期管理主要是根据库内外温差来通风排热。贮藏前期，多利用夜间低温来通风降温。有条件最好在通风口加装轴流风机，并安装温度自动调控装置，以自动调节库温、尽量符合其贮藏要求。贮藏中期，减少通风，库内应在垛顶、四周适当覆盖，以免受冻。通风库贮果，中期易遭受冻害。贮藏后期，库温逐步回升，其间还需要每天观测记录库内温度、湿度，并经常检查苹果质量；检测果实硬度、糖度、自然损耗和病、烂情况。出库顺序最好是先进的先出。

(2) 冷库贮藏。苹果适宜冷藏，贮藏时最好单品种单库贮藏。采后在产地树下挑选、分级、装箱（筐），避免到库内分级、挑选，重新包装。入冷库前应在走廊（也称穿堂）散热预冷一夜。码垛应注意留有空隙。尽量利用托盘、叉车堆码，尽量堆高以增加库容量。一般库内可利用堆码面积 70% 左右，折算库内实用面积每平方米可堆码贮藏约 1t 苹果。冷库贮藏管理主要是加强温湿度调控，一般在库内中部、冷风柜附近和远离冷风柜一端挂置 1/5 分度值的棒状水银温度表，挂一支毛发温湿度表，每天最少观测记录 3 次温湿度。通过制冷系统经常供液、通风循环，调控库温上下幅度不超过 1℃，最好安装电脑遥测，自动记录库内温度，指导制冷系统及时调节库内温度，力求稳定适宜。冷库贮藏苹果，往往相对湿度偏低，所以应及时人工喷水加湿，保持相对湿度在 90%～95%。冷库贮藏元帅系苹果可到春节前后，金冠苹果可到翌年 3～4 月，国光、青香蕉、红富士等可到翌年 4～5 月。为保持较好的色泽和硬度，可利用聚氯乙烯透气薄膜袋衬箱装果，并加防腐药物，有利于延迟后熟、保持鲜度、防止腐烂。

(3) 气调贮藏。塑料小包装气调贮藏苹果多用 0.04～0.06mm 厚的聚乙烯或无毒聚氯乙烯薄膜密封包装，贮藏中熟品种如金冠、红冠、红星等最佳；

一般制成 20kg 左右的薄膜袋，衬筐、衬箱装。果实采收后，就地分级，树下入袋封闭，及时入窖（库），最好是冷库贮，没有冷库，窖温不高于 14℃，入窖初期每 2d 测气一次，进入低温阶段每旬测气 1～2 次。入窖后半个月抽查一次果实品质，以后每月抽查一次。如出现 O_2 低于 2％超过 15d，或低于 1％且果实有酒味，应立即开袋。

苹果最适合气调冷藏，尤以中熟品种金冠、红星、红玉等为宜，控制后熟效果十分明显，国际和国内气调库主要用于贮藏金冠苹果。气调冷藏比普通冷藏能延迟贮期约一倍时间，可贮至翌年 6～7 月，仍新鲜如初。有条件的可装置气调机整库气调贮藏苹果；也可在普通冷库内安装碳分子筛气调机来设置塑料大帐罩封苹果，调节其内部气体成分，塑料大帐用 0.16mm 左右厚的聚乙烯或无毒聚氯乙烯薄膜加工热合成，一般帐宽 1.2～1.4m，长 4～5m，高 3～4m，每帐可贮苹果 5～10t；还可在塑料大帐上开设硅橡胶薄膜窗，自动调节帐内的气体成分，一般帐贮每吨苹果需开设硅窗面积 0.4～0.5m^2。因塑料大帐内湿度大，因此不能用纸箱包装苹果，只能用木箱或塑料箱，以免纸箱受潮倒垛。气调贮藏的苹果要求采后 2～3d 内完成入贮封帐，并即时调节帐内气体成分，使 O_2 浓度降至 5％以下，以降低其呼吸强度，控制后熟。一般气调贮藏苹果，温度在 0～1℃，相对湿度 95％以上，调控 O_2 浓度为 2％～4％、CO_2 3％～5％。气调贮藏苹果应整库（帐）贮藏，整库（帐）出货，中间不便开库（帐）检查，一旦解除气调状态，应尽快调运上市。

实践二　梨

贮藏方法　沟藏：在梨采收以前，选择通风良好，阴凉干燥、水位低的果树行间。沿南北方向筑畦，畦宽 1.5～2m，畦长随贮藏量而定。畦面高出地面约 10cm，中央略高，两侧略低，四周培成高约 15cm 的畦埂。畦面铺厚 5～10cm 的细沙。畦埂四角及两个长边上每隔 750mm 钉一根木柱，柱高 750mm，其中一半插入土中，在木柱内侧沿畦埂四边竖立用高粱、玉米秸秆或荆条编成的帘子，帘内紧贴两层完整无洞的牛皮纸，纸间接头处相互压边搭接。果实采收后，于通风阴凉的树间进行预贮，霜降后入畦贮藏。贮藏时，先在畦面的干沙土上喷一次水，挑除碰压、刺伤、病虫害的果实，将梨果逐层摆放。摆放时要轻拿轻放，以免碰压、刺伤梨果造成贮藏中腐烂，梨堆顶部摆成小圆弧形，四周与畦穴同高，中堆顶垂直高 70～80cm。果实摆好后，用 2～4 层牛皮纸盖好封严，再横盖一层草帘。

实践三　柿子

贮藏方法

（1）室内堆藏。选择阴凉干燥，通风良好的屋子，燃烧硫黄进行消毒后，地上铺 15～20cm 厚的禾草，将选好的柿子轻轻堆放在草上，厚 4～5 层，也可将柿子装筐堆放。室内如没有制冷设备，室外温度高于 0℃时，应早晚通风，白天密封门窗，注意防热。相对湿度低于 90％时，适当加湿。这种方法贮藏期较短。

（2）自发气调贮藏。自发气调贮藏分快速降氧气调和自然降氧气调两种。快速降氧是将氮气连续通入塑料帐或袋中，使果实很快处于低氧的气体环境中。自然降氧法是将果实密封在聚乙烯塑料袋（帐）里，通过果实本身的呼吸作用来调节袋内气体成分。每天或定期测定袋中气体成分，当 O_2 含量低于 3％，CO_2 含量高于 80％时，分别向袋内补充空气或者用消石灰吸收（每 100kg 果实放 0.5～1kg 消石灰，消石灰失效时可更换）。在 0℃下，甜柿能贮藏 3 个月左右，涩柿贮藏可达 4 个月左右。

（3）其他贮藏方法。柿果还可用食盐、明矾水浸渍贮藏，即在 50kg 煮开的水中，加 1kg 食盐、250g 明矾，将配好的盐矾水倒入干净的缸内，待水温降至室温后，将柿果放入缸内，用洗干净的柿叶盖好。同时，用竹竿压住，使柿果完全浸渍在溶液中，当水分减少时，可添加上述溶液。由于明矾能保持果实硬度，食盐有防腐作用，因而贮藏到翌年 5 月左右仍然保持质脆，但果实略带咸味。

实践四　葡萄

1. 贮藏特性　葡萄适应性强，南北各地均有栽培。葡萄按成熟期分为早熟、中熟、晚熟品种，以晚熟品种最耐藏。葡萄适宜的贮藏温度为 −1～0℃，空气相对湿度 90％以上，O_2 含量为 2％～4％，CO_2 含量为 3％～5％，贮藏寿命可达 60～90d。

2. 贮藏方法

（1）低温简易气调贮藏。葡萄采收后，剔除病粒、小粒并剪除穗尖，将果穗装入内衬 0.03～0.05mm 厚的聚氯乙烯袋的箱中（每箱 5kg 左右），聚氯乙烯袋敞口，经预冷后放入保鲜剂，扎口后码垛贮藏。贮藏期间维持库温 −1～0℃，相对湿度 90％～95％。定期检查果实质量，发现霉变、裂果腐烂、药害、冻害等情况及时处理。

（2）低温低气压贮藏。该方法是将葡萄贮藏在密闭的室内，用真空抽出部分空气，使内部气压降到一定程度后，新鲜空气不断通过压力调节器、加湿器后，变成近似饱和湿度的空气进入贮藏室，从而去除田间热、呼吸热和代谢产生的乙烯、二氧化碳、乙醇、乙醛等气体，使贮藏物品长期处于最佳休眠状态。该贮藏方法能降低葡萄的呼吸强度和乙烯产生速度，阻止衰老，减少葡萄的生理病害，是一种理想的葡萄保鲜贮藏技术。

实践五　香蕉

1. 贮藏特性　香蕉为热带、亚热带水果，属于呼吸跃变型果实，采后常温下迅速出现呼吸跃变。后熟过程中，乙烯释放高峰出现在呼吸高峰之前，从而加速呼吸高峰的到来和乙烯的释放，促进果实转黄、变甜、变软和涩味消失。病原菌和机械伤害会促进生理后熟，缩短果实贮藏寿命，因此延迟果实晚熟就是要推迟呼吸高峰的出现，减少乙烯的刺激以及剔除病伤果。同时，香蕉对低温十分敏感，容易发生冷冻害。

香蕉由于对低、高温都非常敏感，因此对温度要求比较严格，一般采用的贮藏温度为 $11\sim15℃$，适宜的相对湿度为 $90\%\sim95\%$，相对湿度低于 80% 会加速果实失水，湿度太高，香蕉果柄上容易产生霉菌。另外，适当控制贮藏环境中的 CO_2 和 O_2 含量，有利于延长贮藏期，一般 O_2 含量 $2\%\sim8\%$，CO_2 含量 $2\%\sim5\%$ 为宜。

2. 贮藏方法

（1）冷库贮藏。采后的香蕉于冷冻保鲜库进行贮藏，在冷库贮藏过程中保持库温在 $11\sim13℃$，当温度低于 $10℃$ 时香蕉就会发生冷害。经常进行冷库房的通风换气，防止乙烯积累。

（2）塑料薄膜袋贮藏。将香蕉放入 $0.08mm$ 厚的塑料袋中，每袋装果 $10\sim15kg$，再放入 $200g$ 吸透高锰酸钾溶液的碎砖块和 $100g$ 消石灰，扎紧袋口，贮藏于 $11\sim13℃$ 下，用此法贮藏香蕉 $62d$，其蕉果贮藏品质良好。

（3）人工气调库贮藏。香蕉气调冷库贮藏时，不同品种或同一品种不同产地其气体成分指标不同。可采用密闭塑料大帐，碳分子筛进行气体成分调节；也可采用大型气调库，用燃烧式气调机或中空纤维制氮机进行气体成分调节。

实践六　猕猴桃

贮藏方法

（1）涂膜（蜡）贮藏法。涂膜（蜡）的主要材料为天然或人工合成的无毒材料。天然的涂膜材料如树木松脂、褐藻胶等，人工合成的涂膜材料如羧甲基纤维素与脂肪酸酯乳剂制成的水溶性复合被膜、海藻酸钠、甲基纤维素与羟丙基甲基纤维素被膜、蛋白质、脂类复合被膜、多糖被膜等。涂膜（蜡）贮藏法具有保持果实品质、降低包装材料对环境的污染等特点。

（2）热处理。热处理技术由于对消费者和环境具有高度的安全性，目前已成为化学杀菌剂保鲜的替代方法之一。新西兰研究人员用含量为 $O_2\,2\%$、CO_2 5%、相对湿度 99% 的 $40℃$ 热空气处理猕猴桃 $6h$，并结合气调贮藏，有效地控制了猕猴桃贮藏过程中的病虫害。

（3）减压贮藏。减压贮藏是根据气体扩散的原理，减小贮藏容器内的压力，使氧的浓度也随之降低。在低压下，果实内如乙烯等挥发性气体向外扩散，这对减少果实内乙烯含量，降低呼吸作用，延缓成熟和衰老有明显的效果。减压贮藏的方法，是将猕猴桃放在减压缸或减压箱内，盖好密封盖，用真空泵抽气使其达到所需压力，每隔一段时间打开盖子换气。据测定，低温常压贮藏猕猴桃，10d 后果实全部变软；而常温常压贮藏，30d 果实全部变质，失去商品价值。但在减压常温下贮藏 30d 后，猕猴桃果实全部完好且不变软，与刚采摘时基本相同。

（4）冷库贮藏。低温可抑制果实的呼吸代谢作用，降低酶活性和乙烯的产生，从而延缓猕猴桃果实的后熟和衰老。猕猴桃冷藏具体操作：把经过挑选、分级预冷后的果箱放在冷库的架子上，温度保持在 $-5.0\sim0.5\,℃$。如果库内湿度低，要防止果实失水而产生萎蔫皱缩。严禁长时间空气对流通风。

实践七　板栗

1. 贮藏特性　板栗又名栗、栗子、风栗，是壳斗科栗属植物，原产于中国，分布于越南、台湾以及中国大陆地区。板栗在贮藏过程中常因淀粉糖化、水分损失、病虫侵袭、发芽腐烂、自然消耗等造成大量损失。板栗属呼吸跃变型果实，特别是在采后的第一个月内，呼吸作用十分旺盛。贮藏中，板栗既怕热、怕干，又怕冻、怕水。一般北方品种板栗耐藏性优于南方品种，中晚熟品种强于早熟品种，同一地区干旱年份的板栗较多雨年份的板栗耐贮藏。

2. 贮藏方法

（1）堆藏。在阴凉室内或者地窖中，铺 10cm 厚湿沙后，一层栗果一层湿沙堆藏，最上覆盖 10cm 以上的沙层，堆高不超过 1m。河沙湿度保持在 65%左右（手握成团，手松散开）为宜，平时视沙的干燥度及时喷水保湿。该法多在北方运用，这些地区在板栗收获季节地温较低，地温回升也较晚。与此类似，也有利用砻糠或锯末屑代替河沙作贮藏介质，或用河沙与锯末屑的混合物，效果也不错。

（2）窑窖贮藏。窑窖贮藏具有结构简单，建筑费用低，贮藏效果好，适于产地贮藏等特点。贮藏前需用 40%的福尔马林或硫黄熏蒸消毒。栗果入窖后当外界温度低于窖内温度时，打开窖门和进出风道，充分通风换气，昼关夜开。温度宜在 0℃左右，过高或过低对贮藏都不利。当窖内湿度低于 90%时，必须进行人工喷水增湿，喷洒 0.03%的高锰酸钾溶液还能防止霉菌滋生蔓延。

（3）气调贮藏。目前国内外先进的果蔬贮藏保鲜方法，采用 CO_2 含量 $\leqslant$ 10%，O_2 为 3%～5%，温度 $-1\sim0\,℃$，相对湿度 90%～95%的条件贮藏，可贮藏 4 个月。国外关于板栗气调贮藏的研究报道，成熟的栗果在 21℃，20%

的 O_2 中贮藏效果较好，而 O_2 含量较高或成熟度不足的栗果，其采后损失较大，品质较差。

（4）冷库贮藏。板栗在常温下贮藏，由于栗果含水量较高，栗果及病原菌呼吸及代谢均十分活跃，很容易造成腐烂。而在低温下贮藏，则可降低栗果及病原菌的代谢活动，降低水分的损失，有利于贮藏。但栗果不耐 0℃ 以下低温，因此冷藏法通常较适合的温度是 1～4℃。具体操作是将栗果用麻袋包装，贮藏于 1～4℃、相对湿度 85%～95% 的冷库中，定期检查。若水分蒸发量大，可隔 4～5d 在麻袋上适量喷水一次。此法可长期保鲜，但建库成本高。

（5）熟果干藏。普通风干的生栗果味甜，但时间长易干腐。若先煮后烘干晒干，则可久藏。具体做法是将栗果于沸水中煮约 10min，使果肉熟而不糊，晒干或烘干后，带壳保存于干燥环境中。

实践八　核桃

1. 贮藏特性　核桃是较好的木本油料植物，营养价值很高，脂肪含量高，但易酸败（俗称哈喇味）。采收后堆积 5～7d，青皮脱落，及时晒干。核桃干燥后处于休眠状态，呼吸微弱，耗氧极少，在较高浓度的 CO_2 中贮藏，可抑制果实的呼吸，减少消耗，也可抑制真菌活动，减少霉烂。核桃适宜在低温（0～1℃）低湿环境贮藏，适宜的气体环境为低 O_2（1%～3%）高 CO_2（50% 以上）。采用避光隔氧贮藏能延长贮藏期至 12 个月以上。

2. 贮藏方法

（1）通风库贮藏。贮藏前应严格挑选入贮核桃，去除腐烂和霉变的残次果，并对库房进行全面清扫和消毒杀虫。消毒杀虫方法有以下几种：

硫黄熏库：采用 $10g/m^3$ 硫黄加一定量的锯末混合，点燃产生的 SO_2 杀菌灭虫。具体步骤是清库，堆放好包装容器后，点燃硫黄，迅速封闭库门及窗户，24h 后开门窗通风 24～45h。

药物喷洒：入库 1～2 周前，对库房和包装容器采用 4% 的漂白粉溶液或40% 的福尔马林（与水 1∶40 混匀）喷洒，密闭 24h 后通风 24～48h。

选择冷凉、干燥、通风、背光、无鼠害的场所作为核桃的普通贮藏库。通常用麻袋或聚乙烯小袋包装晒干的核桃，席囤或圆囤堆积贮藏。在贮藏期间注意通风降温。因冬季气温低、空气干燥，产品不易发生明显的变质现象。故秋季入库的核桃不需密封，待翌年 2 月下旬气温逐渐回升时，再用塑料薄膜密封保存。

（2）低温气调贮藏。核桃在低温（0～1℃）和低湿环境（放置吸湿剂，相对湿度 70%～80%）并有良好通风条件的冷库中贮藏，贮藏时间可达 2 年。如果库内充入氮气（N_2）或 CO_2，或放入脱氧剂，创造一个低氧环境，则贮藏效果更佳。也可以采用塑料薄膜帐密封或薄膜小包装形成密封隔氧状态。通常低 O_2（1％～3％）高 CO_2（2％～5％）和低温低湿贮藏可有效抑制霉烂和生虫，并防止脂肪氧化引起核桃异味。

实践九 荔枝

1. 贮藏特性 荔枝是我国南方水果，刚采收的荔枝有"一日而色变，二日而香变，三日而味变，四五日外，色、香、味尽去矣"之说，保鲜难度较大。

荔枝原产亚热带地区，但对低温不太敏感，能忍受较低温度；荔枝属非跃变型果实，呼吸强度比苹果、香蕉、柑橘大 1～4 倍；荔枝外果皮松薄，表面覆盖层多孔，内果皮是一层比较疏松的薄壁组织，极易与果肉分离，这种特殊的结构使果肉中水分极易散失。荔枝果皮富含丹宁物质，在 30℃下荔枝果实中的蔗糖酶和多酚氧化酶非常活跃，因此果皮极易褐变，导致果皮抗病力下降、色香味衰败。所以，抑制失水、褐变和腐烂是荔枝保鲜的主要问题。

综合国内外资料，荔枝的贮运适温为 1～7℃，国内比较肯定的适温是 3～5℃。可贮藏 25～35d，商品率达 90％以上。荔枝贮藏要求较高的相对湿度，适宜相对湿度 90％～95％。荔枝对气体条件的适宜范围较广，只要 CO_2 浓度不超过 10％，就不致发生生理伤害。适宜的气调条件为温度 4℃，O_2 和 CO_2 都为 3％～5％。在此条件下可贮藏 40d 左右。

2. 贮藏方法

（1）低温贮藏。自然低温贮藏：荔枝成熟时采收，当天用 52℃，500mg/kg 苯来特溶液浸果 2min，沥干药水，放入硬塑料盒中，每盒 1～15 粒，用 0.01mm 厚的聚乙烯薄膜密封，可在自然低温下贮藏 7d，基本保持色香味不变。也可将成熟的鲜荔枝用 0.5％硫酸铜溶液浸 3min，然后用有孔聚乙烯包装，可在室温下贮藏 6d，保持外观鲜红。

低温冷藏法：用 2％次氯酸钠浸果 3min，沥干药水后，将荔枝贮藏于 7℃ 环境中，可保持 40d 左右，色香味仍好。

（2）气调贮藏。小袋包装法：荔枝于八成熟时采收，当天用 52℃的 0.05％苯来特、0.1％多菌灵或托布津，或 0.05％～0.1％苯来特加乙膦铝浸 20s，沥去药液晾干后装入聚乙烯塑料小袋或盒中，袋厚 0.02～0.04mm，每袋 0.2～0.5kg，并加入一定量的乙烯吸收剂（高锰酸钾或活性炭）后封口，置于装载容器中贮运。在 2～4℃下可保鲜 45d，在 25℃下可保鲜 7d。

大袋包装法：按上述小袋包装法进行采收及浸果，沥液后稍晾干即选好果装入衬有塑料薄膜袋的果箱或箩筐等容器中，每箱装果 15～25kg，并加入一定量的高锰酸钾或活性炭，将薄膜袋子密封，在 3～5℃下可保鲜 30d 左右。

若袋内 O_2 含量为 5％，CO_2 含量为 3％～5％，则可保鲜 30～40d，色香味较好。

实践十　杧果

1. 贮藏特性　杧果属热带、亚热带水果。杧果属于典型呼吸跃变型水果，对乙烯敏感，极微量（100mL/L）的乙烯可启动并促进杧果成熟。此外，对低温敏感，多数品种在 10℃ 以下易发生冷害。杧果是易腐难贮的热带水果，其常温贮藏寿命一般为 7～11d。

杧果适宜贮藏温度为 10～13℃，适宜相对湿度为 85％～90％，贮藏环境气体成分应控制在 O_2 含量为 2％～5％，CO_2 含量为 1％～5％。

2. 贮藏方法

（1）机械冷藏库贮藏。杧果因不同品种、不同产地，其最适贮藏温度也不同。杧果对低温极敏感，果实易发生冷害。一般认为，杧果经过预冷后在 9～12℃，相对湿度 85％～90％，空气循环率 20％～30％ 的条件下冷藏效果较好，一般贮藏期在 4～5 周。

（2）低温气调贮藏。Keitt 杧果在 13℃，5％ O_2 和 5％ CO_2 的环境条件下贮藏，最长寿命可达 20d；Aiphonson 杧果在 8～10℃，7.5％ CO_2 的条件下可贮藏 35d。

实践十一　菠萝

1. 贮藏特性　菠萝原产巴西，我国菠萝主要栽培地区有广东、广西、台湾、福建、海南等省、自治区，周年生产，四季上市，5～7 月采收最盛。

菠萝属于非呼吸跃变型水果，无明显的后熟变化，接近成熟时采收为宜。对低温敏感，10℃ 以下易发生冷害。不耐贮运，常温贮藏寿命一般 7～10d。适宜贮藏温度为 7～12℃。相对湿度为 85％～90％。气体成分应该控制在 $O_2 \leqslant$ 5％，CO_2 为 10％ 左右。气调贮藏不利于保持菠萝颜色。

2. 贮藏方法

（1）常温自发气调贮藏。菠萝产地通常采用此贮藏方法，采收后经防腐保鲜处理的果实，用薄膜袋小袋或大袋套箱包装，密封袋口。在袋内或箱内垫上厚草纸吸湿防止果实发霉，然后放入普通仓库或通风库中贮藏即可。此法能推迟菠萝转黄变熟，防止水分快速挥发，同时能保持菠萝肉脆、汁多、风味好，贮藏期 7～10d。

（2）低温冷藏。菠萝易受冷害，不宜长期低温贮藏，以 2～4 周为宜。由于成熟度不同的菠萝对冷害的敏感性不一样，所以低温冷藏时，需考虑不同成熟度而采取不同的贮藏天数。半成熟的无刺卡因菠萝在 7.5～12.5℃ 下可贮藏 60d。而熟果在 10℃ 以下时，就会产生冷害。采用涂果蜡（果蜡：水为 1：24）

的方法，能使冷害减少 15％～30％。半成熟的夏威夷菠萝采收后，可在 7～13℃下存放 2 周，还能有 1 周的货架期。需经远途运输的菠萝必须尽早进入冷藏库或通风预冷室，通常从采收到冷藏的时间不超过 48h。

实践十二　樱桃

1. 贮藏特性　樱桃色泽艳丽，味美，营养丰富，是落叶果树中成熟最早的水果。樱桃成熟时正处春末夏初鲜果淡季，市场售价较高。我国栽培的樱桃主要有甜樱桃、中国樱桃、酸樱桃和毛樱桃。樱桃属于非呼吸跃变型水果，成熟果实对乙烯反应不敏感。对环境中高浓度 CO_2 具有较强的忍耐力，10％～25％的高浓度 CO_2 可以显著抑制樱桃果实乙烯合成和果实衰老，对于病害也有较好的抑制作用。

适宜贮藏温度为 0～1℃。甜樱桃果实的冰点为 −2℃ 左右，但贮温过低不利于保持果实风味。适宜的相对湿度为 90％～95％。气体成分控制在 O_2 浓度为 3％～5％，CO_2 浓度为 10％～25％。CO_2 伤害浓度为 30％，在低于 30％时，浓度越高，果实颜色变化越小。人工气调贮藏时环境气体为 O_2 浓度为 2％～3％，CO_2 浓度为 5％～6％。

2. 贮藏方法

（1）低温简易气调贮藏。冷藏时要结合塑料薄膜袋，贮藏期达 30～40d。比普通冷藏贮藏期延长近 1 倍。具体方法是将包装好的樱桃敞口预冷，果实温度达到 0℃ 后扎口，在 0～1℃ 温度下贮藏。贮藏期间袋内气体成分控制在 O_2 浓度为 3％～5％，CO_2 浓度为 10％～25％。采用薄膜袋贮藏，由于袋内 CO_2 浓度较高，可能导致樱桃有一定异味，出库后需把薄膜袋解开，释放异味。

（2）人工气调贮藏。此方法是贮藏期最长的贮藏方法，比塑料薄膜袋简易气调贮藏法的贮藏期延长 20d 以上。晚熟品种贮藏期最长可达 2 个月。贮藏条件为：温度 0～1℃，相对湿度 90％～95％，O_2 2％～3 ％，CO_2 5％～6％。

实践十三　冬枣

1. 贮藏特性　冬枣的果皮较薄，肉脆，口感好，营养丰富。冬枣的呼吸类型还有待进一步研究，既有认为属于非跃变型果实的，也有认为属于跃变型果实的。但与典型的跃变型果实比较，其乙烯释放量很小，呼吸跃变峰很低，并且乙烯、气调等对跃变型果实有很好效果的贮藏技术对冬枣的作用效果不明显。低温是延长贮藏期的决定性因素。冬枣在常温下存放，果面迅速由绿变黄并转红。低温不仅抑制果实呼吸对有机质的消耗，而且可延缓叶绿素的分解及花色素苷的合成。冬枣在贮藏中硬度变化不大，但风味变淡。冬枣适宜贮藏温度为 −2～−0.05℃，果实成熟度高时贮温可相对低一些。适宜的相对湿度为 90％～95％。适宜的气体环境为 O_2 2％、CO_2 2％～4％，在此环境中冬枣转红速度最慢，褐变程度最轻，保鲜效果最好，由于冬枣对 CO_2 敏感，所以必要时可在包装袋内放入 CO_2 吸附剂。

2. 贮藏方法

（1）机械冷库贮藏。将冬枣放在 $-2\sim-5℃$ 的冷库中贮藏，略高于果实的冰点温度。一般冬枣的冰点在 $-2.5℃$ 左右。在不低于冬枣果肉冰点的范围内，贮藏温度越低，贮藏期越长。贮温低于冰点时会造成冻伤，贮温接近冰点则易出现不同程度的冷害。据研究，采用此法可使冬枣安全贮藏保鲜 6~12 个月，腐烂果率低于 3%。贮藏后果实不变形，果肉不变色，平均感官品质达到贮前的 80%~90%，主要营养成分维生素 C 保存率超过 80%，水分和可溶性固形物含量保存率不低于 95%。

（2）气调贮藏。调控适宜的气体环境：温度 $-2\sim0.5℃$、相对湿度90%~95%、O_2 2%、O_2 2%~4%，并能排除呼吸代谢放出的乙烯等有害气体，显著地抑制果蔬的呼吸作用和微生物的活动，达到延迟后熟、衰老并保持果蔬品质的目的。

（3）涂膜保鲜。此方法通过包裹、浸渍、涂布等途径将涂膜材料覆盖在产品表面或内部异质界面上，提供选择性的阻气、阻湿、阻内溶物散失及阻隔外界环境的有害影响，具有抑制呼吸作用，延缓后熟衰老，抑制表面微生物的生长，提高贮藏质量等多种功能，从而达到保鲜、延长货架期的目的。目前，应用于水果保鲜涂膜的材料有糖类、蛋白质、多糖类蔗糖脂、聚乙烯醇、单甘酯以及多糖、蛋白质和脂类组成的复合膜等。

任务二　蔬菜贮藏技术

【任务实践】

实践一　大白菜

1. 贮藏特性　见任务一，实践二：大白菜堆藏。

2. 贮藏方法

（1）沟藏。先挖一条浅沟，沟的深度与白菜高度大致相同，沟宽 1m 左右，长度不限，挖好的沟晾晒 2~3d，以降低湿度。将大白菜根部向下置于沟内，上面平齐，以便封土覆盖时厚度均匀一致。埋藏时，应尽可能在阴天或较凉爽的天气进行，以便沟内保持较低温度。白菜码放好后，根据当时的天气情况决定是否覆盖及覆盖厚度。贮藏初期，气温较高，可以不加覆盖，或稍加覆盖物遮阳。随着天气渐冷，可用干燥的土壤覆盖，尽量不使用潮湿土块。覆土应分次进行，其厚度以大白菜不伤热，覆土不被冻透为原则。在冻土层较薄的地区，也可采用倒置的方法贮藏。将选好的大白菜根部向上，竖直立于控好的沟中用土覆盖（使根部刚好埋住），在覆土面上浇少量水，使白菜在贮藏期保持微弱的生长。这种倒埋法适宜包心七成左右的大白菜贮藏。倒置埋藏白菜不易受冻，并可增加重量，但应注意沟不要挖得太深、太宽，覆土也不要太厚。采用埋藏法贮藏大白菜，简便易行，水分散失少，重量损失小，但不通风，不易调节温湿度，贮藏期较短。

（2）窖藏。窖藏大白菜比较普遍，但不同地区窖藏的方法不同。南方较温暖，多采用地上式，北方寒冷地区多采用地下式，中原地区多采用半地下式。

将预处理后的大白菜送入窖中堆码。一般沿窖长方向堆码成一棵菜宽、高2m左右的菜垛，一个窖可码数垛。为防止菜垛倒塌，可用木棒或简易木框支撑，垛与垛之间要保持一定距离，以便通风和管理。各地码菜方法多种多样，但都应以便于通风不伤热、便于保温不受冻、便于码垛不倒塌、便于管理不费工，倒菜次数少，各种损耗低为原则。码垛的白菜，一般上、下温差较大。每隔一段时间应进行一次倒垛，将上部的菜换到下部，以平衡温湿度，同时将不宜继续贮藏的白菜剔除出窖。

贮藏期间的管理大致分为3个阶段：贮藏初期（入窖至大雪），窖温较高，菜体呼吸放热较多，应每天在外温低于库温时，打开通风口，以降低窖温并排除不良气体。此时倒菜要勤，以后逐渐延长倒菜周期。贮藏中期（大雪到立春）正值寒冷季节，窖温、菜温都已降低，菜的呼吸热减少，要以防冻为主，关闭通风口，必要时可在中午气温比较高时进行短时间通风换气。在此期间要减少倒菜次数，延长倒菜周期，在倒菜过程中要尽量保护外帮，以护内叶。贮藏后期（立春后）气温逐渐回升，窖温也随之增高，应以夜间通风为主，降低窖温。在此期间倒菜要勤。

（3）机械冷库贮藏。将经过预处理的大白菜装入柳条筐或板条箱中，堆码入冷藏库中，也可直接在冷藏库中堆垛。库温保持在 $0\pm0.5℃$，相对湿度保持在 $85\%\sim90\%$，定期进行检查。这种方法能调节温、湿度，便于管理，贮藏期较长，但设备投资较大。

实践二　胡萝卜

1. 贮藏特性　胡萝卜原产中亚、西亚和非洲北部，现在我国南北栽种广泛。胡萝卜是重要的秋贮蔬菜，特别在北方地区，贮藏量大，贮藏期长，在调剂冬春蔬菜供应上起重要作用。

胡萝卜没有生理上的休眠期，在贮藏中遇有适宜条件便萌芽抽薹，这时根薄壁组织中水分和养分向生长点转移，从而造成糠心。糠心由根的下部和根的外部皮层向根的上部内层发展。贮藏时由于空气干燥，蒸腾作用加强，也会造成薄壁组织脱水变糠。贮藏温度过高以及机械损伤，能促使呼吸作用与水解作用增强，从而使养分消耗增大而变糠心。萌芽与糠心不仅使胡萝卜肉质根失重，糖分减少，而且组织变得柔软，风味寡淡，食用品质降低。所以防止萌芽和糠心是贮藏胡萝卜的首要问题。如果贮藏温度高、湿度低，不仅因萌芽、呼吸作用和蒸腾失水导致糠心，而且增大自然损耗。如果相对湿度相同，温度越高，损耗则越大。胡萝卜皮层虽然较厚，但缺乏蜡质、角质等表面保护层，保水能力弱，容易蒸腾失水。所以胡萝卜贮藏必须保持低温、高湿的条件，但温度不能低于0℃，否则容易产生冻害。通常贮藏温度为0～3℃，相对湿度为95%。胡萝卜组织的特点是细胞间隙大，具有高度通气性，并能忍受较高浓度的CO_2。据报道，胡萝卜可忍受浓度为8%的CO_2，这与胡萝卜长期生活在土壤中形成的适应性有关。因此，胡萝卜适于沟藏或气调贮藏等密闭贮藏。

2. 贮藏方法　沟藏法操作简便、经济，且能满足直根类对贮藏条件的要求，因此是胡萝卜最主要的贮藏方式。

选择在地势平坦干燥、排水良好、地下水位较低、交通便利的地方挖好贮藏沟，将经过挑选的胡萝卜堆放在沟内，最好与湿沙混堆，有利于保持湿润并提高直根周围的CO_2浓度。直根在沟内的堆积厚度一般不超过0.5m，以免底层产品伤热。在产品上面覆一层土，以后随气温的下降分次覆土，最后与地面平齐。一周后浇水，浇水前先将覆土平整踩实，浇水后使之均匀缓慢下渗。浇水的次数和水量，依胡萝卜的品种、土壤的性质和保水力以及干湿程度而定。

贮藏初期的高温不易控制，整个贮藏期不便随时取用和检查产品，贮藏损耗也较大，所以在进行沟藏时应注意选择耐贮性强的种类和品种；掌握好入贮的时间，提前挖好贮藏沟，入贮前要做好预冷工作，待外界温度与土温降到0℃以下入贮；将贮藏沟挖出的土堆在沟的南侧或者在沟南侧设风障遮阴，防止沟内温度上升，有利于初期降低贮温。

根据气候变化调节覆土的时间与厚度。贮藏初期，覆盖一层薄土，以后逐渐加厚。冬季最冷时沟要覆盖严密，防止沟温过低。

实践三　花椰菜

1. 贮藏特性　见任务二，实践五：花椰菜的冷库贮藏。

2. 假植贮藏　花球未长成的花椰菜植株，连根挖起假植在适宜温度条件下，根、茎及叶中的养分可继续向花器官运输而使花球逐渐膨大成产品。假植在当地最低温度降至0℃时进行。假植时已长出的花球直径应大于5cm，以6～8cm为宜。花球过小，贮藏后增长不大，商品价值低；花球过大，贮藏过程中易散球或腐烂。

在背阴处挖沟贮藏或在阳畦中短期假植。沟宽1.0～1.5m，东西向，深

50~80cm，挖松底土 10~15cm，施入少量氮素化肥。连根挖起准备贮藏的花菜植株，除去病叶、黄叶，用稻草轻捆外叶，以避免在搬运过程中伤叶和污染花球，也有利于假植后的通风。植株根部应尽可能带大土坨，密集囤栽以棵与棵之间外叶不挤为适度，栽后浇小水，以水漫过松土层为宜。贮藏初期白天囤盖草席遮阴降温，畦温 5℃左右。若畦内高温高湿，叶片呼吸加快将黄化脱落。随气温下降，夜间覆盖草苫，气温降至－5~－4℃时，再加盖一层塑料薄膜，以确保畦内温度维持在 3~5℃，防止花球受冻害。至元旦或春节时，花球已长大，可收获上市。

实践五：大蒜

1. 贮藏特性 大蒜为百合科葱属蔬菜，具有明显的休眠期，一般为 2~3 个月。大蒜贮藏的关键是在休眠期过后创造适宜休眠的环境条件，以抑制幼芽萌发生长和腐烂。

大蒜根据蒜瓣的大小可分为大、中、小 3 种类型。一般蒜瓣大、休眠期长的晚熟品种比较耐贮藏。大蒜贮藏的最低温度为－5~－7℃，最适宜的贮藏温度为－1~－4℃。相对湿度 60%~70%较适宜。O_2 不低于 1%，较适宜的为 1%~3%；CO_2 最高不超过 18%，可控制在 12%~16%。

2. 大蒜气调贮藏 在适宜大蒜贮藏的温度下，改变贮藏环境中的气体成分，降低贮藏环境中 O_2 的含量并提高 CO_2 含量，从而抑制大蒜呼吸、发芽及致病微生物繁殖。气调贮藏抑芽效果好，贮存成本低。在窖内和通风库内一般采用 0.23~0.4mm 厚的耐压聚乙烯或聚氯乙烯薄膜贮藏大蒜。帐底为整片薄膜，帐顶连结成蚊帐形式，并在中间加衬一层吸水物，帐上设采气和充气口，容积大小视贮量而定。

实践六 黄瓜

1. 贮藏特性 黄瓜又称青瓜、王瓜、刺瓜或吊瓜，属葫芦科甜瓜属，一年生攀缘草本植物，以幼嫩果实供食用，全国各地均有栽培。南方地区春、夏、秋三季栽培，4 月开始上市；广州地区冬季可栽培，周年供应；北方地区 6 月开始上市，无霜期长的可栽培春、秋两季，无霜期短的只能种一季；冬季还可采用保护地生产。

黄瓜含水量高、质地脆嫩、新陈代谢旺盛，保护组织不完善，容易失水和遭受微生物侵害。采收后营养物质易转移，使头部种子膨大，尾部组织萎蔫、收缩、变糠，形成"大头瓜"，品质下降、变质、腐烂。

我国的《黄瓜冷藏与运输技术行业标准》规定，黄瓜的适宜贮藏温度为 10~13℃，适宜相对湿度 90%~95%。温度低于 10℃会发生冷害，但在高湿度情况下，可以减少冷害的发生。

贮藏环境中适宜的气体条件：O_2 和 CO_2 含量均为 2%～5%。黄瓜对乙烯要求严格，在 $1m^3$ 空间内 1mg 乙烯 1d 内使黄瓜变黄，所以黄瓜不能与容易产生乙烯的果蔬（如香瓜、番茄、苹果、梨等）混存混运。

2. 贮藏方法

（1）窖藏。将选好的黄瓜装入纸箱，每箱装 15kg 左右，然后将箱子堆放在永久性菜窖或土窖内；或在窖底铺一层秸秆，再一层一层摆黄瓜，每层之间用两根秸秆隔开，堆高不超过 60～70cm。黄瓜堆码好后，用塑料薄膜密封。入窖后每隔 5～7d 检查一遍，把烂瓜和变色瓜挑出，以免感染好瓜。管理的关键是利用风道和门窗通风，以降低窖温。这种方法适合大量贮藏黄瓜。

（2）简易气调贮藏法。将黄瓜装筐，盖 1～2 层纸，码垛，用聚乙烯薄膜（0.03～0.08mm）帐子罩上。利用开关通风口进行气体调节。也可用 0.03mm 聚乙烯薄膜衬在筐内，把黄瓜码在筐中，码好后再用薄膜盖严，进行简易气调贮藏。

实践七　甘蓝

1. 贮藏特性　甘蓝为十字花科芸薹属一年生或两年生草本植物，是我国重要蔬菜之一。原产于地中海沿岸，传至我国已有 200 多年，现全国各地均有栽培。甘蓝具有适应性广、耐寒等特点。甘蓝外叶坚韧，富有蜡质，叶片能忍受较低的温度和轻微冻害（不冻心），在适宜的温度下经解冻可慢慢缓过来，因此较易贮藏运输。甘蓝最适贮藏温度为 -1～0℃，相对湿度 85%～95%。甘蓝对低温的忍受能力比较强，利用低温可大大延长保鲜期，在（0±1）℃下加适当的保鲜包装，能将保鲜期延长 2～3 个月。

2. 贮藏方法

（1）沟藏。埋藏沟宽 2m，沟深根据气候及贮藏量而定。沟内堆码 2 层，第一层根部向下排于沟内，第二层根部向上码放。码满后覆土 6～7cm，随着气温下降，陆续加土 3～4 次，共覆土 30cm 厚，埋藏沟内温度保持在 0℃。

（2）假植贮藏。在甘蓝成熟后不采收，用刀撬松根部，将其根部松动，破坏大部分须根，减缓甘蓝生长发育，使植株处于微弱的生长状态，此方法可延长采收期 30d。

（3）窖藏。可建地下窖或半地下窖，窖深 2～3m。入窖前先将甘蓝在室外阴凉处堆放 5～7d，散除田间热量。待热量散尽后，用外叶护住叶球后装筐入窖码垛，垛宽 2m，高 1m，垛间留出走道并利于通风。初期加强通风排湿，及时倒垛。后期寒冷时注意保温防冻。此方法主要用于甘蓝冬贮。

（4）冷库贮藏。需冷库贮藏的甘蓝，应尽早做好预冷工作，最好选用强制冷风预冷，在冷风下处理 4h，使切口迅速风干，减少病虫害侵染。预冷降温至 0～5℃再转入冷库贮藏。入库前先对冷库清洗消毒，并用乙烯吸收剂清除库内乙烯。入库甘蓝选择包心坚实的叶球，将根削平，留 1～2 片外叶，装入周转筐内，每筐放 2～3 层，贮藏最适温度 0～1℃，相对湿度 85％～95％。堆垛时"三离一隙"：菜垛与冷风机距离大于 1.5m，以防局部低温；堆垛与堆垛间距 5～10cm；墙与垛间距 65cm。贮藏期间做好温度管理工作，库内温度要均匀，维持在 0～1℃。

实践八　马铃薯

1. 贮藏特性　马铃薯属茄科多年生草本植物，块茎可供食用。马铃薯收获后有明显的休眠期，一般 2～4 个月。在休眠期内，块茎的呼吸变弱，养分消耗降到最低程度，环境对块茎的生理影响不大，即使在有利于萌芽的条件下，一般也不发芽。休眠期过后，如果温度适宜，块茎迅速发芽，如果能保持一定的低温，并加强通风，可使块茎处于被迫休眠状态，延后萌芽。马铃薯富含淀粉和糖，而且在贮藏中能相互转化。当温度降至 0℃时，淀粉分解酶活性增高，薯块内单糖积累，如温度升高，单糖又合成淀粉。但温度高于 30℃或低于 0℃都不利于贮藏，因为容易发生薯心变黑等生理病害。日光、散射光或人工光线照射，都能使马铃薯块茎变绿或变紫，其原因是在长期光照影响下，块茎的表皮或薯肉会产生叶绿素和龙葵素。龙葵素是一种有毒物质，当其含量超过 0.02％时，对人畜有毒害作用。因此，贮藏马铃薯时应采取避光措施。

马铃薯适宜贮藏温度为 3～5℃，过高易诱发萌芽，过低会促使淀粉向糖转化。加工制造薯片或油炸薯条的马铃薯，宜贮藏在 10～13℃的条件下。贮藏场所的相对湿度应为 80％～85％，过高易增加腐烂，过低失水增大，损耗增多。适当的通风和气体循环可调节库内的温湿度，也可减轻病害。

2. 贮藏方法　马铃薯收获后，应在阴凉通风的室内、窖内或荫棚下堆放预贮 10～14d，薯堆不高于 0.5m，注意通风、避光。

（1）沟藏。收获后的马铃薯预贮至 10 月下沟贮藏。沟深 1～1.2m，宽 1～1.5m，长不限，薯块堆至距地面 0.2m 处，上面覆土保温，覆土厚度 0.8m 左右，要随气温下降分次覆盖。沟内堆薯不能过高，否则沟底及中部温度易增高，薯受热引起腐烂。

（2）窖藏。多用井窖或窑窖贮藏，每窖可贮 3 000～3 500kg，由于只利用窖口通风调节温度，所以保温效果较好，但入窖初期不易降温，因此薯块不能装太满，并注意窖口的启闭。窖藏马铃薯堆表面会"出汗"，可在严寒季节在薯堆表面铺草帘，转移出汗层，防止萌芽与腐烂。

（3）通风库贮藏。将马铃薯装筐堆码于床内，每筐约 25kg，垛高以 5～6 筐为宜。此外还可散堆在床内，堆高 1.3～1.7m，薯堆与库顶之间至少要留

60~80cm 的空间。薯堆中每隔 2~3m 放一个通气筒，还可在薯堆底部设通风道与通气筒连接，并用鼓风机吹入冷风。秋季和初冬夜间打开通风系统，让冷空气进入，白天关闭，阻止热空气进入。冬季注意保温，必要时还要加温。春季气温回升后，采用夜间短时间放风、白天关闭的方法以缓和库温上升。

薯块大小不同，薯块间隙不同，通气性不同，且休眠期不同，应分开堆放，装大薯的袋子堆放得高一些，装小薯的袋子适当低一些。

实践九 芫荽（香菜）

1. 贮藏特性 芫荽属调味菜类，采后呼吸旺盛，贮藏困难。一般香味浓，纤维少、叶柄粗壮、棵大的品种较耐藏，如山东的大叶芫荽和莱阳芫荽。芫荽的组织脆嫩，采后水分蒸腾作用旺盛，耐寒性较强。适宜贮藏的温度为冻藏 -1~0℃，冷藏 0~2℃；相对湿度 90%~95%；O_2 3%~5%，CO_2 2%~5%，气体伤害阈值 CO_2>8%。

2. 贮藏方法

（1）冻藏。

①床坑法。在晚秋把芫荽从地里收起，摘掉黄叶和烂叶，然后根对根成行摆齐，放入床坑，厚度不超过 20cm。当温度降至 -10℃以下时，上面盖一层 15cm 厚的沙子。温度再下降时可盖草。

②地沟法。北方多采用此法。在背阴处挖沟宽、深各 30cm 的地沟，在底部顺沟长方向挖宽、深各 10cm 的通风道，通风道两端穿过沟的两端到达地面，通风道上面稀疏横放些单层秸秆，把整理好的芫荽捆成 1.0~1.5kg 的把，根向下叶向上放在上面贮藏。以后加覆盖物，类似菠菜贮藏。沟内温度保持在 -5~-4℃，以叶片冻结，根部不冻为宜。出沟后要缓慢低温解冻，过急会造成腐烂。

（2）简易低温气调贮藏。芫荽无伤采收，适当晾晒，风干根土后抖净，在田间摘净老叶、黄叶、病伤叶，适当修剪根须，捆成 0.5kg 的把，入 0℃冷库。在库中先将菜捆叶朝里，根朝外摆在菜架上预冷，菜温降至 0℃后，用聚乙烯塑料薄膜袋包装，每袋 8kg 左右，扎紧袋口后，放到菜架上。当袋内 CO_2 浓度升至 7%~8%时，打开袋口放风。当袋内 CO_2 浓度降至 4%~5%时再扎口，也可松扎袋口，使其自然换气。

实践十 韭菜

1. 贮藏特性 韭菜是百合科多年生宿根植物，属较耐寒的叶菜。一般采用带孔塑料薄膜包装贮藏，贮藏期 10~15d。韭菜呼吸强度大，组织柔嫩，易受机械损伤，要求低温贮藏运输。采收季节若遇高温，采后 1d 就开始发热变黄腐烂，很快失去商品价值。

适宜的贮藏温度 $-0.5\sim0.5℃$；相对湿度 $90\%\sim95\%$。

2. 贮藏方法 贮藏方法可参考芹菜。贮藏中采用恒温，多采用带孔塑料薄膜包装贮藏，在韭菜采收后剔除黄、伤、病叶，捆成小把，立即入库在 $-1\sim0℃$ 条件下预冷，待菜温降到 5℃ 时，装入长 650mm、宽 650mm、厚 0.03mm 的袋内，松扎口，每袋装 $2.5\sim3.0kg$，在近 0℃ 的恒温库中保存，也可直接用聚苯乙烯泡沫箱保湿贮运。

实践十一 冬瓜

1. 贮藏特性 冬瓜虽以老熟果实贮藏，但贮藏过程中呼吸作用较强，衰老进程较快，长期贮藏仍有一定困难。冬瓜喜温干，怕湿冻，贮藏适宜温度为 $10\sim15℃$，相对湿度 $70\%\sim75\%$，并要求较好的通风条件。高温、高湿条件下易染病腐烂，低温受冻后难以恢复。

冬瓜品种较多，一般晚熟青皮无蜡粉品种瓤少肉多，丰产抗病，较耐贮藏。北方有的地区种植白皮大个冬瓜，只要贮藏措施适宜，也能贮藏 3 个多月。冬瓜最适宜的贮藏温度与品种有关，有些青皮无蜡粉的瓜可在 10℃ 左右贮藏，有些白皮大瓜则必须在 $13\sim15℃$ 下贮藏，相对湿度为 85% 左右。

2. 贮藏方法 窖藏和通风库贮藏：冬瓜贮藏多在通风库或通风良好、湿度较低的窖内进行，在窖内或通风库内可码垛或架藏。码垛前在地面垫一层细沙，冬瓜可码成长条垛或圆塔形空心垛，以利通风。瓜垛不宜过高，以免压伤。在码垛或上架摆放的过程中可能产生内伤，故摆放过程中不能倒瓤，即生长时朝下的一面，码垛时仍然朝下。这样堆放时瓜瓤组织所受的重力和地里长期生长时所受重力一致，不易产生内伤。上架贮藏时，可在冬瓜下垫一层草席。架藏方法有利于通风和贮藏期检查。

贮藏前期冬瓜含水量大，产生呼吸热多，要加强通风散热和排湿，后期要加强保温，防止受冻。整个贮藏期要经常检查，挑出不宜继续贮藏的冬瓜，贮藏后期温度降低容易受冻是影响冬瓜贮藏的主要原因之一。在北京地区，温度控制在 $13\sim15℃$，相对湿度控制在 $80\%\sim85\%$，贮藏 2 个月，品质尚佳。

实践十二 豆角

1. 贮藏特性 豆角采后呼吸作用旺盛，采后衰老很快，老化时豆荚变黄，纤维化程度增加。豆角对 CO_2 敏感，CO_2 超过 2% 便会产生伤害，表现为表皮出现褐斑，俗称锈斑。另外，豆角对失水敏感，稍有失水便表现出萎蔫，商品外观受到影响。豆角贮藏时既要采取措施抑制其旺盛呼吸，又要避免豆荚受到 CO_2 伤害，同时还要保持高湿不腐烂，因此豆角贮藏比较困难。

豆角的适宜贮温为 $5\sim7℃$，太低易受冷害，出现凹陷斑点，呈现水渍状斑块，甚至腐烂。温度越高，越易老化，腐烂也越严重。豆角贮藏要有较高的湿度，相对湿度应在 95％左右，否则容易萎蔫。气调对豆角贮藏有积极作用，1％～2％的 CO_2 对锈斑产生有一定抑制作用，CO_2 浓度超过 2％，锈斑易出现，甚至导致豆荚产生有毒物质。

2. 贮藏方法 豆角采收后，尽快在阴凉通风处散热，进行挑选，剔除老荚、有病斑和虫咬、断裂的豆荚，选鲜嫩的豆荚进行贮藏。然后进入冷库预冷，温度 5～7℃。达到该温度时即可进行装袋和放药，装袋容量和剂量按药剂使用说明操作。如果用液体保鲜剂可在挑选后进行喷洒或浸泡处理，充分晾干后再入库预冷，预冷后再装袋。贮藏豆角最好用架子贮藏，将袋放在架子上，使袋内的呼吸热和释放的有害气体及时散发出去，同时也便于观察和管理。

豆角贮藏过程中，首先应控制好温度，不要使温度太高，最好不超过 10℃，否则豆角容易老化。后期温度不能太低，最低不能低于 6℃。其次，一定要经常通风换气，保持库内空气新鲜。贮期不可过长，一般只有 20～40d，应趁豆角品质良好时及时出库。

任务三 观赏植物贮藏保鲜技术

【任务实践】

实践一 插条的贮藏保鲜

插条尽管不是以最终产品的形式进入市场，但它对花卉的生产、品质都起到十分重要的作用。尽管花卉插条贮藏保鲜工作起步较晚，但备受关注，近年来发展较快。

1. 变叶木 变叶木亦称变色月桂，大戟科灌木或小乔木。叶革质，色彩鲜艳、光亮。中国南部各省份栽培较多，属观叶植物，易扦插繁殖。

变叶木的插条一般要带叶贮藏。通常将采收的枝条剪成 30～45cm 长的枝段，预冷后进行分级，再把它们每 20 支一束捆绑码入箱内。立即将已处理好的插条置于相对湿度为 90％～95％、温度为 12～15℃的环境中保存。变叶木的插条通常在上述条件下能够贮藏 2～3d 而不影响使用效果。

2. 常春藤 常春藤的枝条柔韧，既可地栽又可盆养，属观叶植物。

常春藤的插条一般要带叶贮藏。由于枝条较柔韧，在操作时比较容易折断，通常可将选择好的枝条直接剪成 30～40cm 长的枝段，然后预冷、分级，再把它们每 10 支一束捆绑码入箱内。立即将已处理好的插条置于相对湿度为 85％～90％、温度为 1～5℃的环境中保存。常春藤的插条通常在上述条件下能够贮藏 10～20d 而不影响使用效果。

3. 金银花　金银花的适应性较强，垂直绿化效果颇佳。其在强阳和疏荫之处均能生长良好，在我国北方大多数地区能够顺利越冬。

金银花的插条一般要在植株落叶后采收，由于不带叶片，操作时比较容易。通常将选择好的枝条直接剪成 30～40 m 长的枝段，然后分级，再把它们每 20 支一束捆绑码入箱内。立即将已处理好的插条置于相对湿度为 85%～90%、温度为 -1～1℃ 的环境中保存。金银花的插条通常在上述条件下能够贮藏 40～60d 而不影响使用效果。

4. 绿萝　绿萝的枝蔓柔韧，可以借助其他物体攀缘生长，属观叶植物，既可室内盆栽，又可在热带、亚热带地区用作垂直绿化。

绿萝的插条一般要带叶贮藏。通常将选择好的枝条修剪成 20～30cm 长的枝段，然后预冷、分级，再把它们每 10 支一束捆绑码入箱内。立即将已处理好的插条置于相对湿度为 90%～95%、温度为 4～6℃ 的环境中保存。绿萝的插条通常在上述条件下能够贮藏 3～5d 而不影响使用效果。由于绿萝对乙烯十分敏感，因此在贮藏过程中应该避免将其与呼吸跃变型的果蔬摆放在一起，否则它们释放的乙烯会使绿萝插条早衰。

5. 天竺葵　天竺葵花朵开放时间长，具有很高的观赏价值，且在粗放管理条件下生长良好，特别适合缺少管理时间和栽培经验的人种植。

天竺葵的插条一般要带叶贮藏。通常将选择好的枝条在预冷后剪成 15～25cm 长的枝段，然后预冷、分级，再把它们每 10 支一束捆绑码入箱内。立即将已处理好的插条置于相对湿度为 90%～95%、温度为 3～5℃ 的环境中保存。天竺葵的插条通常在上述条件下能够贮藏 5～10d 而不影响使用效果。

6. 仙人掌　仙人掌极其耐旱易养，具有较高的观赏价值，也是嫁接蟹爪兰等仙人掌科植物的重要砧木。

仙人掌插条使用的是植株的肉质茎。通常将发育充实、长度为 15～25cm 的肉质茎在茎节处剪断，然后预冷、分级，再将所采的肉质茎每片都用软纸包好，依次码入箱内，需注意的是仙人掌有锐刺，操作时应带好防护手套。立即将已处理好的插条置于相对湿度为 70%～80%、温度为 5～6℃ 的环境中保存。仙人掌的插条通常在上述条件下能够贮藏 10～15d 而不影响使用效果。

实践二　球根的贮藏保鲜

在花卉栽培中，球根指的是花卉作物的根茎、块根、鳞茎、球茎等变态贮藏器官，如大丽花的块根、荷花的根茎、小苍兰的球茎、朱顶红的鳞茎等。根据栽培时间不同，通常将球根花卉分为春植球根花卉和秋植球根花卉两类。由于球根类花卉观赏价值高、便于运输，是花卉作物中的一类比较重要的商品。世界许多国家都很重视花卉球根的生产，荷兰每年都要向其他国家输出大量郁金香球根，使之成为该国的花卉主营产品之一。

1. 荷花 荷花叶片硕大、花朵典雅，是我国传统花卉，具有很高的观赏价值。其既可塘养，又能盆栽，是应用十分广泛的水生植物。

进入秋季，荷花叶片开始枯黄。此时不宜修剪，使其自然死亡再予以清除可提高种藕的耐贮性。通常荷花根茎的采收要在销售前进行，不必提前将其从泥中挖出。应使其保持自然的生长状态在 0～5℃条件下越冬，当需要时再将其根茎掘出，进行整形、分类、包装后供应市场。荷花根茎以这种形式贮藏要比将其掘出进行贮藏品质更高。

2. 马蹄莲 马蹄莲叶色深绿、花梗挺拔，是栽培十分广泛的观赏植物。种球主要供移栽、切花生产使用。

入夏后植株地上部枯黄时，将块茎从土中掘出，用 40%的苯来特可湿性粉剂 1 000 倍液浸泡 10min 灭菌处理，以减少栽种时病害发生，然后分级，风干 2～3d 即可。将已处理好的块茎置于相对湿度为 40%～50%、温度为 2～4℃的环境中保存。马蹄莲的球根通常在上述条件下可贮藏 100～120d 而不影响使用效果。在贮藏过程中，每隔 30d 左右检查一次，发现种球腐烂及时处理。

3. 美人蕉 美人蕉叶片肥大、花朵艳丽，属大众化观赏植物。它生长势强，在粗放管理条件下也能很好生长，地栽、盆栽均适宜。

在入秋后植株地上部枯黄时，小心将根茎掘出，然后分级，风干 2～3d 即可。可将已处理好的根茎置于相对湿度 40%～50%、温度 10～12℃的环境中保存。美人蕉的球根通常在上述条件下可贮藏 90～100d 而不影响使用效果。在贮藏过程中，每隔 20d 左右检查一次，发现种球腐烂及时处理。

4. 郁金香 郁金香喜凉爽环境，种球主要供盆栽、切花生产使用。

在入夏后植株地上部枯萎时，小心将鳞茎从土中掘出。然后把它们按不同品种归类，分级后晾晒。将已处理好的鳞茎置于相对湿度为 30%～35%、温度为-2～2℃的环境中保存。郁金香的球根通常在上述条件下可贮藏 80～100d 而不影响使用效果。在贮藏过程中，每隔 30d 左右检查一次，发现种球腐烂及时处理。

5. 中国水仙 中国水仙叶色翠绿，花香四溢，是我国新年春节期间常用的时令花卉。其种球主要供盆栽水养及切花生产使用。

待入秋后叶片逐渐枯黄后把鳞茎从土中掘出，略作修整后分级、包装。可将处理好的球根置于相对湿度 25%～40%、温度 5～10℃的环境中保存。中国水仙的球根通常在上述条件下可贮藏 60～90d 而不影响使用效果。

6. 朱顶红 朱顶红花梗挺拔、花色美丽、花朵巨大，是很受欢迎的观赏植物。其种球主要供盆栽、切花生产使用。

秋季待朱顶红的叶片自然枯萎后将鳞茎从土中掘出。严寒地区在上冻前采收种球，不要将没有枯萎的叶片立刻剪下，这样可以保证叶片在死亡前有足够时间将所含养分转运到鳞茎中贮存起来，从而提高种球品质。然后把它们按不同品种归类，分级后晾晒。将已处理好的鳞茎置于相对湿度为30％～35％、温度为5～10℃的环境中保存。朱顶红的球根通常在上述条件下可贮藏90～120d而不影响使用效果。

实践三　盆花的贮藏保鲜

花卉在很多情况下均是以盆栽的形式加以应用，如厅堂的布置、花坛的摆放等。但盆花体积较大，不易包装，运输较难，且很多种类每年只开花一次，影响盆花销售。

1. 巴西木　巴西木的茎干挺拔，株形甚美，是用来布置大型房间的理想观叶植物。由于其耐荫蔽环境，因此适合室内盆栽，故成为世界性的观赏植物而备受消费者的青睐。

可将出圃的盆栽巴西木置于相对湿度为80％～90％、环境温度为15～25℃、每天接受散射日光不少于2h的明亮之处存放。在保证产品质量的前提下贮存时间不宜超过3周，于运输前的第三天应该停止浇水。

2. 鹅掌柴　鹅掌柴叶色浓绿，株形美观，耐荫蔽，适合装点室内无日光直射的明亮之处，是较好的室内观叶植物。

将出圃的盆栽鹅掌柴置于相对湿度为85％～95％、温度为15～25℃、无日光直射的明亮之处存放。不要使环境空气过于流通，在保证产品质量的前提下贮存时间不宜超过3周，运输前1～2d停止浇水。

3. 扶桑　扶桑的叶色油绿、花形美观，条件适宜能够全年开花，在亚热带地区可露地栽培，但在温带地区只能作为盆栽观赏。

将出圃的盆栽扶桑置于相对湿度为85％～95％、温度为18～24℃、每天接受直射日光不少于4h之处存放。保持环境适当通风，在保证产品质量的前提下贮存时间不宜超过5d，运输前1～2d停止浇水。

4. 龟背竹　龟背竹叶片浓绿、形似龟甲，适宜在耐阴之处生长，可装点室内无日光直射的明亮之处。

将出圃的盆栽龟背竹置于相对湿度为90％～95％、温度为20～25℃、每天散射日光不少于2h的明亮之处存放。不要使环境空气过于流通，在保证产品质量的前提下贮存时间不宜超过1周，运输前2～3d停止浇水。

5. 虎皮掌　虎皮掌十分耐旱，其株形美丽、耐阴，是应用十分广泛的室内盆栽植物。

可将出圃的盆栽虎皮掌置于相对湿度为 70%～80%、温度为 18～24℃、每天接受直射日光不少于 2h 之处存放。保持环境适当通风，在保证产品质量的前提下贮存时间不宜超过 4 周，运输前 2～3d 停止浇水。

6. 君子兰　君子兰叶片肥大、叶色油绿、花朵艳丽，是深受消费者喜爱的观赏植物。君子兰怕高温环境，因此在我国南方很多地区生长不好，而在北方地区长势较强，管理容易。

将出圃的盆栽君子兰置于相对湿度为 80%～90%、温度为 10～12℃、每天接受散射日光不少于 2h 之处存放。保持环境适当通风，在保证产品质量的前提下贮存时间不宜超过 3 周，运输前 2～3d 停止浇水。

7. 龙骨　龙骨为十分耐旱的多肉植物，株形美丽，管理容易，颇受消费者喜爱。

将出圃的盆栽龙骨置于相对湿度为 70%～80%、温度为 15～25℃、每天接受辐射日光不少于 2h 之处存放。保持环境适当通风，在保证产品质量的前提下贮存时间不宜超过 4 周，运输前 2～3d 停止浇水。

8. 仙客来　仙客来花奇特，属室内观花植物。仙客来是典型的地中海型气候花卉，不适于大陆性季风气候型地区栽培。

将出圃的盆栽仙客来置于相对湿度为 90%～95%、温度为 10～12℃、每天散射日光不少于 2h 的明亮之处存放。保持环境适当通风，在保证产品质量的前提下贮存时间不宜超过 2 周，运输前 1～2d 停止浇水。

9. 袖珍椰子　袖珍椰子的株形美丽、叶色草绿，是棕榈科植物中较小的种类，常用来盆栽作为室内观叶植物。

将出圃的盆栽袖珍椰子置于相对湿度为 80%～90%、温度为 15～25℃、每天接受散射日光不少于 2h 的明亮之处存放。不要使环境空气过于流通，在保证产品质量的前提下贮存时间不宜超过 3 周，运输前 2～3d 停止浇水。

实践四　切花的贮藏保鲜

切花是指采摘下的枝、叶、花、果等供装饰之用的植物材料，主要分为切枝、切叶、切花、切果 4 类。切花具有运输方便、变化性大、应用面广、适用性强、价格相对便宜等特点，是目前花卉商品主要销售形式，被广泛用于各类花卉装饰品，如花篮、花环、头饰等。

1. 月季　月季属蔷薇科蔷薇属，又名月月红、长春花，4～11 月多次开花，若条件适宜则常年开花，花容秀美、芳香馥郁、千姿百色，具有较高的观赏价值，深受人们喜爱。

月季一般在低温下湿藏 3～7d，过长的湿藏时间将减少开花时间。有人在 1～2℃下湿藏 2 周或用低温减压法（1 333.22～4 666.27Pa）贮藏 4 周，开花品质下降，瓶插开花时间仅为鲜花的 60%。用于湿藏的水最好为酸性，每升水可加柠檬酸 500mg，花茎下部的叶片应去掉，以防叶片多元酚化合物融于水中，降低贮藏效果，缩短瓶插开花时间。

月季花是重要的切花，研究延长月季开花液的较多，并利用不同品种得到了不同瓶插液，但尚无令人满意的通用瓶插液配方，只有一些配方供试用。

月季瓶养易发生弯颈（花柄弯曲）现象，使花不能正常开放。引起弯颈现象与品种有关，也与栽培管理有关。有些品种花柄细长，花开放时急速增重，花柄由于花重引起弯曲。有些弯曲是因氮肥施用过多，钾肥不足，水控不合理，枝条发育细弱。有报道，瓶插液中加入 360mg/L 的硝酸钴或氯化钴可克服弯颈现象，或在开花前半月喷施 1mmol/L 的 α-萘醌以促进木质素形成，有利于花柄发育，减少弯茎现象。因此，选育适宜的品种与良好的栽培管理是解决这一问题的关键。

2. 菊花　菊花是菊科菊属的多年生宿根草本植物。按栽培形式分为多头菊、独本菊、大立菊、悬崖菊、艺菊、案头菊等类型。

菊花是比较耐贮藏的切花种类，高温、远距离运输时应在花苞期采收为佳，即在少数花瓣开放时采收，有利于延长贮藏时间。反之，低温、短距离运输时，可在 50% 的切花开花时采收。采收时在花枝距地面 10 cm 处切断，不带难吸水的木质花茎，摘除下面 1/3 叶片，立即经保鲜液处理，可在 -5℃ 下存放 6～8 周。此外，可在 4～8℃ 气温时插入 30℃ 水中吸足水，在 2～3℃ 下存放 2 周。菊花采切后，插入水中是不会开放的，若用合适的营养液进行处理，则可开放并改良其品质，也可以延长其瓶插寿命。为使花朵免受损伤，可用纸或塑料包裹，10～12 枝一束，每 1～2 束一包，装入瓦楞箱中上市。

3. 康乃馨　康乃馨，原名香石竹，石竹科石竹属多年生草本。康乃馨原产地中海地区，主要分布于欧洲温带及我国福建、湖北等地，是世界应用最普遍的花卉之一。

康乃馨切花的寿命较长，夏季每天都可进行切花采收，冬季则一周采收一次，以下午采花为宜。经 1～3℃ 预冷后，用薄膜包装 20 枝一束，当日包装。如不立即销售，可除去茎下 2～3 对叶，更新切口，立即插入水中，在 5～6℃ 下冷藏，2 周后仍新鲜，在 0℃ 气温时可贮藏 8～12 周。蕾期采切，可贮藏 8～10 周，如经特殊处理可贮藏 20 周以上。但康乃馨对乙烯敏感，不能与月季、郁金香、紫罗兰以及苹果等放在一起。康乃馨通常利用硫代硫酸银作为切花保鲜液，具有较好的效果。

4. 唐菖蒲　唐菖蒲，别名十样锦、剑兰、菖兰、荸荠莲、鸢尾科唐菖蒲属多年生草本。唐菖蒲为重要的鲜切花，可用作花篮、花束、瓶插等，也可布置花境及专类花坛，矮生品种可盆栽观赏。

唐菖蒲采收以最低一朵小花初放时为宜，从茎部 3 片叶上位剪下，保留基叶促进球茎发育，扩大再繁殖。通常下午剪花，插入容器吸足水分，按品种归类，12 枝一束，薄纸包裹装箱。唐菖蒲切花较不耐贮运，在低温下易发生花蕾皱缩凋萎现象。唐菖蒲的极性很强，贮藏时不宜横置时间过长，否则会使顶端弯曲生长。唐菖蒲用硫代硫酸银处理的效果不如硝酸银、硫酸铝和 20％的蔗糖溶液好。

5. 满天星　满天星，原名圆锥石头花，别名锥花丝石竹、圆锥花丝石竹、丝石竹。石竹科石头花属多年生草本。根、茎可供药用，栽培可供观赏。

满天星花枝上小花有 40％～60％开放即可采收。用枝剪采收成熟花枝，枝条长度 60～80cm，采后放入干净水中吸水保鲜，回到包装间后将基部插入保鲜液中保鲜 8～12h。温度保持在－0.5～0℃，相对湿度要求 90％～95％，一般贮藏期为 1 周。为了得到高品质的鲜花，还可以用灯光及催花液处理 12～24h。

模块三　园艺产品贮藏期病害防治

模块分解

任务	任务分解	要求
1. 侵染性病害防治	1. 侵染性病害来源 2. 侵染性病害传播途径 3. 侵染性病害防治方法	1. 了解侵染性病害的来源 2. 了解侵染性病害的传播途径 3. 掌握侵染性病害的防治方法
2. 生理性病害防治	1. 低温伤害 2. 呼吸失调 3. 营养失调 4. 乙烯伤害	1. 掌握生理病害症状 2. 掌握生理病害预防方法

任务一　侵染性病害防治

【知识点】

1. 园艺产品采后病害的侵染来源

（1）采前来源。许多园艺产品在采后发生的病害实际上在其采收前就被感染了，但可能是由于侵染时期较晚，或外界环境条件不合适，采收时尚处于潜伏期，外观正常，便作健康产品贮藏、装箱、运输和销售，结果在这些过程中陆续发病，有时会造成很大损失。如荔枝霜疫霉病，柑橘褐腐病，桃、苹果和梨褐腐病，瓜果绵疫病，菜豆菌核病等。

有些病害的病原菌在田间就污染果实，黏附在果实表面，但由于缺少伤口，或温度、湿度等条件不适宜发病；在包装、运输过程中的创伤，果品成熟和衰老、抗性下降，或贮藏期环境条件适宜时，病害逐渐发生。

有些病害的病原菌具有潜伏侵染的特性，即在田间幼果期，果皮组织较薄，易于被病原菌感染，但由于果实内固有的抗菌物质等各方面原因，病原菌未能扩展，只能潜伏在侵染点周围组织内滞育，直到果实成熟或接近成熟时病原菌才开始生长发育致病。如柑橘黑斑病，苹果轮纹病，香蕉、杧果、木瓜、苹果和柑橘等的炭疽病。

还有些病害，田间病原菌是在果树开花期的花器或果实的萼筒侵入果心，采收时果实外表没有明显症状，经贮藏和运输后，病原菌在果实内部逐渐发展，以致整个果心霉烂。如柑橘黑腐病，苹果、梨和桃的霉心病（心腐病）等。

（2）采后来源。很多园艺产品采后病害的病原菌，如青霉菌等，对低温、高温和干燥耐受性很强，能够在贮藏库的屋顶、墙壁、地面以及容器、包装机械和运输工具的残余有机物上终年生存。因此，贮藏库和包装房等采后场所是病害另一个重要的侵染来源。如柑橘青霉病、绿霉病，苹果青霉病等。

基于病原菌的两个来源，控制园艺产品采后病害，首先应做好病害的田间预防，其次是搞好贮藏库、包装房等场所以及贮藏和运输容器、工具等的杀菌消毒。

2. 园艺产品采后病害的传播途径　危害园艺产品病原微生物主动活动能力十分有限，它们从越冬越夏场所来到寄主的感染点，或从已发病的部位来到新的感病点都需要通过气流、雨水、灌溉水、昆虫和人为活动等途径实现。切断病害的传播途径是控制病害的有效措施之一。

（1）气流或空气振动传播。园艺产品采后病害的重要病原菌青霉菌、葡萄孢菌和褐腐病菌等的分生孢子数量大，体积小，重量轻，而且直接产生在寄主表面，暴露在空气中，极易通过气流的流动或空气的振动进行传播。黏附在土壤颗粒和尘埃中的病原菌也可通过气流传播至园艺产品的感病点。

（2）雨水传播。炭疽病原菌等一些病原真菌的分生孢子产生在分生孢子盘或分生孢子器内（统称子实体），孢子之间有很多胶质，这些胶质遇水后膨胀并融化，从子实体内散出，然后随着水流、水滴的飞溅，以及降雨时的风传播。病原细菌和卵菌的游动孢子也需要在有水的条件下才能传播。在暴风雨条件下，风的介入能加大雨水传播的距离，狂风暴雨还会造成利于病原菌入侵的伤口。保护地中没有雨水，但凝集在塑料棚膜上的水滴，以及植物上的露水滴下时也能帮助病原菌传播。田间喷灌、喷雾和灌溉也能传播病害。果品采后包装前有洗果和防腐剂处理过程，如果洗果水循环使用，没有及时更换和消毒，一些对药剂不敏感或具抗药性的病原菌在洗果水中积累，洗果过程就成了病害的传播过程。

（3）昆虫传播。昆虫的钻蛀取食，不仅直接损坏园艺产品，还制造病原菌侵染的伤口，同时其活动还能传播病原菌。很多园艺产品的病害与昆虫为害相关，如大白菜软腐病的发生与田间跳甲、小菜蛾、菜青虫等的虫口数量、为害程度密切相关。

3. 园艺产品采后病害的防治方法

（1）避免受伤。园艺产品在采收、包装、贮藏和运输过程中受伤的机会很多。总体来讲，机械采摘比人工采摘更容易造成伤口。柑橘类果实人工采摘时留在果实上的果梗高度适宜，剪口平滑，可避免果梗刺伤其他果实，减少绿霉病等病原菌的感染；采收、洗果、烘干、打蜡、包装过程中的放置轻重、贮藏库和运输过程的堆放方式等都与伤口的形成直接相关。因此，在采收和随后的一系列处理中，应该尽可能避免碰伤、刺伤和挤压伤。散装会增加擦伤的可能性，比较容易被擦伤的果蔬常采用较小的容器包装。对草莓和杨梅等浆果，通常需要用坚硬、光滑的材料制造容器包装。为了防止已经受伤或腐烂的果蔬成为二次感染源，包装前应彻底剔除病伤果。热处理不当、贮藏库温度过低也会引起园艺产品的冷害甚至冻伤，加速其衰老和败坏。

（2）物理防治。

①低温贮藏。在现代采后处理系统中，温度管理是最为关键的环节。低温可以明显地抑制病原菌孢子萌发、侵染和菌丝生长，同时还能有效抑制果实呼吸和生理代谢，延缓衰老，维持抗性。果蔬采后应及时降温预冷和采用低温贮藏、冷链运输和销售，这对抑制采后病害的发生和发展都极为重要。但是，温度过低会对园艺产品造成冷害。因此，采后园艺产品冷藏的理想温度应以能最大限度抑制病原菌生长，延缓腐烂速度，延长贮藏期限，同时不至于对产品造

成冷害的最低温度为宜。刚采收的园艺产品呼吸作用旺盛，自身产生的热量丰富，采收后应尽快冷却。

②气调贮藏。气调贮藏可分为自发气调贮藏（modified atmosphere，MA）和人工气调贮藏（controlled atmosphere，CA）两大类型。自发气调贮藏又称简易气调或限气贮藏，是在相对密闭的环境中（如塑料薄膜密闭），依靠贮藏产品自身的呼吸作用和塑料膜具有一定程度的透气性，自发调节贮藏环境中的 O_2 和 CO_2 浓度的一种气调贮藏方法。

气调贮藏的目的主要是通过抑制呼吸作用，延长果蔬的采后寿命，以及抑制采后病害的发展。自发气调对于采后病害的作用可以是直接的，也可以是间接的。例如，采后园艺产品产生的乙烯可以通过影响产品的呼吸作用而影响其腐烂。贮藏实践中可使用乙烯抑制剂或使用臭氧处理，以降低果蔬新陈代谢产生的乙烯。降低 O_2 浓度或者提高 CO_2 浓度可以减缓病原真菌的生长速率，从而延缓园艺产品的衰老和病害的扩展。

人工气调贮藏是在冷库的基础上对环境中的气体成分进行严格限制，采用机械气调设备，人工调节控制，保持园艺产品周围大气具有稳定的 O_2、CO_2、乙烯和臭氧等气体浓度的贮藏方法。已经证实，当 O_2 浓度低于 5％或更低时，对延缓果实衰老有很好的效果，O_2 浓度为 2％可有效抑制真菌生长。降低 O_2 浓度有利于抑制病原微生物的生长，但随着时间延长容易加速贮藏园艺产品的生理失调。

在美国，提高 CO_2 浓度的方法被广泛应用于樱桃的运输过程，对控制由灰葡萄孢菌引起的灰霉病和由美澳型核果褐腐病菌引起的褐腐病很有效，也应用于草莓灰霉病的控制。

③湿度控制。湿度是影响采后园艺产品腐烂的主要因素之一，空气相对湿度随温度的变化很大。尽管在贮藏环境中的空气相对湿度很难达到饱和状态，但环境温度达到冰点时，贮藏的园艺产品表面都有可能形成液态水。在高湿度条件下或果实表面结露时，一些病原菌如褐腐病病原菌可被诱导萌发，并直接侵入果实。在适宜的温度下，较高的相对湿度可加速病害的扩展。尽管高湿和产品表面的冷凝水有利于病害的发生，但绝大多数园艺产品贮藏环境必须保持较高的湿度，以最大限度地减少水分的丧失，避免组织失水萎蔫和由此引起的商品价值的丧失。

④热处理。采后热处理是近年来发展起来的一种非化学药物控制园艺产品采后病害的方法。大量的试验证明，它可以有效地控制果实的某些采后病害，有助于保持果实硬度，加速伤口愈合，减少病原菌侵染。同时，在热水中加入适量的杀菌剂或氯化钙（$CaCl_2$）还有明显的增效作用。热处理方法分为热水浸泡和热蒸汽处理，处理温度和时间因不同果蔬产品和处理方法而异（表 2-1）。

不过，热处理也有很多不足之处，例如，使果蔬变色或受伤，降低园艺产品对病原菌抗性和增加二次感染的概率，缩短贮藏时间或货架期，增加随后冷却的难度等。一般在温度45～48℃水中浸润2～4min，可有效杀死果皮内的大多数真菌。但是，热处理对柠檬有损害作用，肿胀的果实也特别容易受损。对肿胀的果实，特别是在凉爽或者潮湿气候条件下采摘的柠檬，应使其在热处理前萎蔫1～2d。

表 2-1　热处理对果蔬采后病害的控制

产品种类	处理温度（℃）	处理时间	处理方法	控制病害	参考资料
苹果	38	96h	热气	青霉病	Fallik 等，1996；邵兴锋，2007
香蕉	52	3min	热水	炭疽病	陈丽等，2006
草莓	45	40min	热气	灰霉病及其他	Wang，2007
宽皮柑橘	56	20s	热水	绿霉病	Porat 等，2000
甜橙	56	20s	热水	绿霉病	Porat 等，2000

⑤射线处理

A. 辐射处理。^{60}Co 或^{137}Cs 产生的 γ 射线直接作用于生物体大分子，产生电离、激发、化学键断裂，使某些酶活性降低或失活，膜系统结构破坏，引起辐射效应，从而抑制或杀死病原菌。用 4 000Gy/min 的 γ 射线处理柑橘，当照射总剂量达到 1 250Gy 时，可有效防止贮藏期间的腐烂；用 250Gy/min 的 γ 射线处理桃，当照射总剂量达到 1 250～1 370Gy 时，能防止褐腐病的发生。γ 射线也用于草莓、杧果和番木瓜的防腐处理。

B. 紫外线处理。能减少苹果、桃、番茄、柑橘等果实的采后腐烂，用 254nm 的短波紫外线可诱导果蔬产品的抗性，延缓果实成熟，减轻对灰霉病、软腐病、黑斑病等的敏感性。

C. β 射线处理。电子加速器产生的 β 射线是带负电的高速电子流，穿透力弱，可用于果实的表面杀菌。

D. X 射线处理。X 射线管产生的 X 射线能量很高，可穿透较厚的组织，也用于水果、蔬菜采后的防腐处理。

E. 电离辐射处理。利用高频电离辐射，使两个电极之间的外加交流高压放电，产生臭氧，对果蔬表面的病原微生物有一定的抑制作用。

（3）化学防治。化学防治是通过使用化学药剂改变园艺产品表面的化学环境，避免病原菌侵染或清除已感染病原菌的病害防治措施。尽管化学防治存在农药残留、污染环境和破坏生态平衡等弊端，但其具有高效、经济等优点，目前仍然是园艺产品采后病害控制有效和重要的措施。

（4）生物防治

①有益微生物的利用

拮抗作用。通过拮抗微生物分泌抗菌素来抑制病原菌，如枯草芽孢杆菌产生的伊枯草菌素、洋葱假单胞菌产生的吡咯烷酮类抗菌素、木霉产生的吡喃酮等，对引起核果采后腐烂的褐腐病菌、草莓灰霉菌和柑橘青霉菌有抑制作用。已经登记用于采后病害生物防治的 Bio-Save 是丁香假单胞菌制成的生物防治剂，用在防治采后柑橘、樱桃、梨和马铃薯的腐烂。Bio-Save 和钙处理剂联合使用防治苹果青霉病比单独使用更为有效。

竞争作用。有些酵母菌能够在伤口处快速繁殖，和病原菌构成物理位点、生态位点以及营养物质和 O_2 的竞争，从而抑制病原菌的繁殖和生长，达到控制病害发生的目的。由于引起园艺产品采后病害的病原菌都是非专化性的死体营养菌，其孢子萌发及致病过程需要大量的外源养分。通过与病原真菌竞争果实表面的营养物质及侵染位点，可有效降低园艺产品表面病原菌数量，因此竞争作用在园艺产品采后病害生物防治中尤为重要。已报道有众多酵母菌和类酵母菌被用于园艺产品采后的生物防治。酵母菌繁殖速度快，可迅速扩大种群数量，占据病原真菌的侵染位点，阻止病原菌的侵入。

诱导抗性。植物诱导抗性是指利用物理、化学以及生物方法预先处理植物，诱导植物启动自身的防御机制，增强对后续病原物的抵抗力。植物诱导抗性一般不会遗传，已证明诱导抗性在园艺产品采后病害防治中仍具有重大价值。拮抗菌诱导植物抗病性主要表现为以下两点：一是诱导抗病性次生代谢物的大量产生。如拮抗菌杜氏假丝酵母可以诱导柑橘产生植保素即东莨菪素等抗菌物质，以及一些抗病相关蛋白，如几丁质酶、葡聚糖酶及其他酶类，从而抑制病原菌的生长。二是诱导细胞组织结构发生变化。如诱导细胞木质素、胼胝体和羟脯氨酸糖的沉积，阻止病原菌的入侵和扩展。

②植物次生代谢物的利用。果蔬中存在大量对病原菌具有拮抗活性与可诱导植物产生抗病性的化合物。桃果实成熟时产生的大量挥发性物质可以杀菌。苯甲酸、甲基水杨酸和苯酸乙酯在 $370\mu L/L$ 时能完全抑制桃褐腐病菌和灰葡萄孢菌的生长。脱乙酰几丁质是虾、蟹等富甲壳素动物尸体的降解产物，是一种很好的抗真菌剂，它能在果蔬表面形成半透明的膜，不仅抑制多种病原菌的生长，还可既降低呼吸作用，延迟贮藏时间，同时还能激活植物组织内一系列的抗病防卫反应，包括诱导几丁质酶活性的提高，植物防御素的积累，蛋白质酶抑制剂的合成和木质化的加速。

③采后果蔬抗病性的利用。伤口是园艺产品采后病原菌入侵的主要门户，

伤口的快速愈合有利于园艺产品的抗病。柠檬果实受伤后，果面有木质素类似物的沉积，果实对酸腐病的抗性与木质素类似物的沉积量有关。马铃薯伤口抗病性与伤口处脂类及木质素类似物的沉积呈高度正相关。苹果、柑橘受伤与侵入之间的间隔越长，病害发生率就越低。

【任务实践】

果蔬贮藏侵染病害识别

1. 材料　各种侵染性病害材料：实物标本、新鲜材料、挂图、病原菌玻片、多媒体教学课件（幻灯片、录像带、光盘等影像资料）。

2. 仪器与用具　显微镜、手持扩大镜、水果刀、载玻片、挑针、镊子等。

3. 试剂　结晶紫草酸铵染剂、碘液、复染剂、95％酒精、硝酸银染液、香柏油、媒染剂、苯酚品红染剂等。

4. 主要侵染性病害识别

（1）侵染性病害症状

①苹果、梨轮纹病、褐腐病

苹果、梨轮纹病。初期病斑以皮孔为中心，呈水渍状褐色小圆点，后逐渐扩大为红褐色圆斑或近圆斑，并具明显深浅色泽不同的同心轮纹（图 2-4）。病斑表面常分泌出茶褐色黏液，且自中央部分开始陆续形成散生的小黑点，即病原菌的分生孢子器，病斑之间可愈合。在高温条件下病斑迅速扩展，经 3～5d 便使全果腐烂，发出酸臭气味。

苹果、梨褐腐病。病果初期产生浅褐色软腐状小斑，后迅速向四周扩展，经 5～7d 即可使整个果实腐烂。病果的果肉松软，海绵状略有弹性，不堪食用（图 2-5）。在病斑扩大腐烂过程中，其中央部分形成很多突起的、呈同心轮纹排列的、褐色或黄褐色绒球状分生孢子座。此病在贮藏期气温较高时发病较多。

图 2-4　苹果轮纹病　　　　　　　　图 2-5　苹果褐腐病

②柑橘青霉病、绿霉病、酸腐病。

柑橘青霉病、绿霉病。柑橘青霉病和绿霉病的症状基本相同，都是自蒂部或伤口处开始发病。病部先发软，呈水渍状，组织湿润柔软。青霉病病部稍凹陷，表面稍皱缩，指压易破裂；绿霉病则较紧实，不皱缩，2～3d后二者都首先产生白色霉状物，然后中部产生青色或绿色粉状霉层。以后病部不断扩大，深入果肉内部，很快全果腐烂（图2-6）。病果果肉发苦，不堪食用。

图2-6　柑橘青霉病

柑橘酸腐病。一般发生在成熟果和久贮果，果实受到侵染后出现水渍状斑点，病斑扩展至2cm左右时便稍下陷，病部产生较致密的菌丝层，白色，有时皱褶呈轮纹状，后表面呈白霉状，果实腐败，流水，并发出酸味。

③葡萄炭疽病。通常在葡萄接近成熟或成熟时发病。果粒上病斑红褐色或紫红色，稍下陷，果粒上同心轮纹排列小黑点或黏质橙色小粒，即病原菌的分生孢子盘或其上大量聚集的分生孢子。病粒掉地或形成僵果挂在果穗上或脱落。

④草莓软腐病。主要为害成熟浆果，病果变褐软腐、淌水，表面密生灰白色绵毛，上有点点黑霉，即病原菌的孢子囊。果实堆放，往往会发病严重。

⑤大白菜细菌软腐病。发病从伤口处开始，病部初呈浸润半透明状，后病部扩大，发展为明显的水渍状，表皮下陷，上有污白色细菌溢脓。病部内组织除维管束外全部软腐，并具恶臭。

⑥花椰菜和青花菜黑斑病。在花球上初为水渍状小黄点，后扩大长出黑色霉状物，即病原菌的子实体。严重时一个花球上有数十个黑斑。感病组织腐烂，但腐烂速度较慢。

⑦番茄灰霉病。在大多情况下是先侵染残留的花和花托，后延及果实和果柄。病果呈水渍状，灰白色，软腐，黑皮常开裂，流出汁液，病部长出的灰霉状物远比花托、果托上的少而稀疏。贮藏时好果与病果接触易感病。

果蔬病害的病原菌主要是真菌，还有少量病害由细菌造成。

（2）制片观察真菌病原物

①徒手制片的方法。病症类型各不相同，因此观察的方法也有所区别，只有采用合适的制片方法，才能较好地观察病原物。常用的方法有挑、刮、切、

粘等。

挑：对生长茂密的霉状物或在表面生长的小黑点，可用挑针挑取少量病部制成玻片，所挑材料越少越好，以免材料重叠，观察不清。

刮：对生长十分稀少的霉状物，可用刀片沾少量水，在病部顺一个方向刮2～3次，将刮取物沾在载玻片上的水滴中，载玻片上的水滴应尽量少，以免病原物过于分散，不易观察。

切：对在表皮下或半埋生的小黑点，可用此法。若为干燥材料，可先用水湿润，以免材料过于干涩，不便切割。切割时，刀口与材料面应保持垂直，切下的病组织越薄越细越好。

粘：对生长稀少的霉状物，也可用透明胶带纸粘取，之后在镜下观察。

②临时玻片标本制作。取清洁载玻片，中央滴加蒸馏水半滴，用挑针挑取少许病菌菌丝或子实体放入水滴中，然后自水滴一侧用挑针支持，慢慢加盖玻片即成。注意加盖玻片时不宜太快，以防形成大量气泡，影响观察。

（3）病原细菌革兰氏染色观察

①涂片。在载玻片上涂病原菌菌液，用挑针搅匀涂薄，自然晾干。

②固定。将晾干后的涂片在酒精灯上方通过数次，使菌膜干燥固定，以载玻片不烫手为度。

③染色。在固定的菌膜上分别加 1 滴结晶紫草酸铵，染色 1min。用水轻轻冲去多余的染液，或加碘液冲去残水，再加 1 滴碘液染色 1min。用水冲洗碘液，滤纸吸去多余水分，再滴加 95％酒精轻轻冲洗脱色 25～30s。用水冲洗酒精，然后用滤纸吸干水分，用复染剂复染 10s，水洗，吸干，镜检。

④油镜的使用方法。细菌形态微小，必须用油镜观察。将制片用低倍镜找到观察部位，然后在菌膜上滴少许香柏油，再把油镜转下使其浸入油滴中，使油镜轻触玻片，观察时用微调螺旋慢慢将油镜上提，直至观察的物像清晰为止。镜检完毕后，用擦镜纸蘸少许二甲苯轻拭镜头，除净镜头上的香柏油。

（4）病原细菌鞭毛染色观察

①涂片。取洁净载玻片，将待测细菌菌液点在载玻片上，倾斜载玻片，自然晾干。

②染色。将媒染剂经滤纸过滤滴在菌膜上，染色 5～7min，水洗，自然晾干；再用苯酚品红染剂染色 5min，水洗，自然干燥。

③镜检。在油镜下检视，菌体和鞭毛呈红色。

（5）将观察结果填入表 2-2 中。

表 2-2　主要侵染性病害的症状

编号	果蔬名称	病害名称	症状描述	病害分析	预防措施

【思考与讨论】

1. 主要果品侵染性病害症状描述、病害分析，预防措施。
2. 主要蔬菜侵染性病害症状描述，病害分析，预防措施。

【知识拓展】

1. 园艺产品病原真菌的一般性状　真菌是一类营养体为丝状体（少数单细胞），具细胞壁和细胞核，缺乏叶绿素，不能进行光合作用，以吸收营养为生存方式，大多产生孢子进行繁殖的一类真核生物。真菌的种类繁多，分布广泛，可以存在于水、土壤和地面上的各种物体上。在园艺产品采后病害中，真菌性病害占绝大多数，其危害性最大。

真菌的生长发育过程可分为营养阶段和繁殖阶段。营养阶段的菌体多为丝状体，管状，有色或无色，直径 $2\sim30\mu m$，通称为菌丝，许多菌丝聚在一起称为菌丝体。高等真菌的菌丝有隔膜，称为有隔菌丝，而没有隔膜的菌丝称为无隔菌丝。有些真菌的菌丝可形成多种变态结构，如附着胞、吸器和假根等，以适应真菌孢子萌发形成芽管浸入到寄主细胞中吸收养分的需要。有些真菌菌丝生长到一定阶段可以形成疏松或紧密的菌丝组织，构成各种形状大小的菌组织体，如菌核、子座和根状菌索，以适应和度过不良环境条件。

当生长到一定时期时，真菌从营养体阶段转入繁殖阶段，形成各种繁殖体，也称子实体，子实体产生各种类型的孢子。真菌的繁殖包括有性繁殖和无性繁殖，分别产生有性孢子和无性孢子。有性孢子是通过性细胞或性器官结合产生的，其整个过程分为质配、核配和减数分裂 3 个阶段。植物病原真菌的有性孢子类型有卵孢子、接合孢子、子囊孢子和担孢子。无性孢子是指真菌不经过质配、核配和减数分裂，而是从营养体上直接产生的各类孢子。常见的无性孢子有游动孢子、孢囊孢子、分生孢子和厚垣孢子。

从一种孢子的萌发开始，经过一定时期的营养生长和繁殖阶段，最后又产生同一种孢子的过程称为真菌的生活史。典型的真菌生活史包括无性和有性两个阶段，无性阶段也称无性态，在发病季节可以连续多次重复循环，产生大量无性孢子，对病害的传播、蔓延起重要作用。有性阶段也称有性态，一般多在植物生长后期或病原菌侵染后期产生，通常整个发病季节出现一次。有性孢子对不良环境具有较强的适应能力，其作用除了繁衍后代外，主要作为度过不良环境（越冬或越夏）的器官，并作为第二年病原菌的初侵染源。

2. 引起园艺产品采后病害的病原真菌主要类群　根据《真菌词典》第九版（2001）真菌分类系统，引起园艺产品采后病害的病原真菌属于藻物界卵菌门和真菌界接合菌门、子囊菌门与半知菌类或无性态真菌。

（1）卵菌门。与其他真菌营养体是单倍体不同，卵菌门真菌的营养体为二倍体。卵菌的细胞壁主要成分为纤维素，而其他真菌为几丁质。卵菌的营养体是单细胞或无隔膜、多核的菌丝体，无性繁殖形成孢子囊，产生有鞭毛、能在水中游动的游动孢子，有性繁殖则为部分菌丝细胞分化的两个异性配子囊——雄器和藏卵器，交配后形成卵孢子。卵孢子壁很厚，可以在土壤里存活多年。绝大多数卵菌生活于水中，少数具有两栖性和陆生性。与园艺产品采后病害密切相关的病原卵菌有以下几种：

①腐霉属（*Pythium*）。常见的采后腐霉属病害有西瓜、黄瓜、甜瓜绵疫病，病原菌为瓜果腐霉（*P. aphanidermatum*）、巴特勒腐霉（*P. butler*）和终极腐霉（*P. ultimum*）。症状开始表现为水渍状，扩展迅速，病部变色并长出白色絮状物。病原菌以卵孢子在土壤中越冬，也可以菌丝在土壤中腐生，条件适宜时，形成孢子囊和游动孢子，通过雨水飞溅、灌溉水传播，可直接侵入瓜果，或通过瓜果茎端切口和伤口侵入。条件适宜时病害发展很快，可造成贮藏运输期间瓜果严重腐烂（图 2-7）。

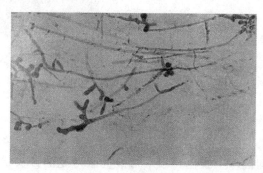

图 2-7　瓜果腐霉菌

②疫霉属（*Phytophthora*）。园艺产品采后常见的疫霉属病原菌有引起柑橘褐腐病的柑橘褐腐疫霉（*P. citrophthora*）、引起茄果类蔬菜疫病的辣椒疫霉（*P. capsici*）和马铃薯晚疫霉（*P. infestans*），以及引起草莓革腐病的恶疫霉（*P. cactorum*）等。疫霉属病原菌引起的症状通常是开始为水渍状小点，很快扩展至整个果实，果实变色软腐，长出白色霉状物。疫霉菌通常以卵孢子在土壤中越冬，条件适宜时，卵孢子萌发产生孢子囊和游动孢子，通过雨水飞

溅或灌溉水传播。直接触地或接近地面的瓜果容易受侵染。

③霜疫霉属（*Peronophthora*）。常见的霜疫霉菌有引起荔枝采后腐烂的荔枝霜疫霉菌（*P. litchii*）（图2-8）。危害果蒂形成不规则无明显边缘的褐色病斑，潮湿时长出白色霉层，病斑扩展迅速，全果变褐，果肉发酸成浆，溢出褐水。荔枝霜疫霉主要以卵孢子在土壤或病残果皮上越冬，翌年条件适宜时，卵孢子发芽，产生大量游动孢子侵染枝梢和果实。

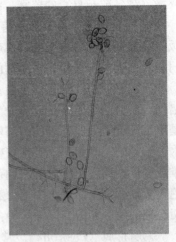

图2-8　荔枝霜疫霉菌

（2）接合菌门。接合菌门真菌绝大多数为腐生菌，广泛分布于土壤中，只有少数为弱寄生菌，引起水果、蔬菜和花卉贮藏期间的软腐病。接合菌的主要特征为菌丝体发达、无隔、多核，细胞壁由甲壳质（几丁质）组成；无性繁殖形成孢囊孢子；有性繁殖为两个同型配子囊接触，经过质配和核配后形成接合子。与园艺产品采后病害有关的接合菌有根霉属和毛霉属。

①根霉属（*Rhizopus*）。常见的根霉（图2-9）有匍枝根霉（*R. stolonifer*）和米根霉（*R. oryzae*）两种。主要侵染桃、李、油桃、樱桃、苹果、梨、葡萄、香蕉、菠萝蜜、草莓、番木瓜、甜瓜、南瓜、番茄和甘蓝等果蔬，以及一些鲜切花，引起软腐。根霉不能直接穿透果蔬表皮，只能通过伤口或自然孔口侵入成熟和衰老的组

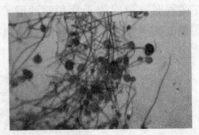

图2-9　根　霉

织，成熟果实对根霉极为敏感。症状开始为水渍状圆形小斑，逐渐变成褐色，病斑表面长出蓬松发达的灰色菌丝体，有匍匐丝（stolon）和假根（rhizoid）。孢囊梗丛生，从匍匐丝上长出，顶端形成肉眼可见的针头状子实体，即孢子囊。孢子囊开始为白色，稍后转变成黑色，病部组织软化，易破，有酒味。贮藏温度对根霉属病原菌的生长影响很大，匍枝根霉可在24～27℃下生长，5℃以下的低温可明显抑制该病害发生。

②毛霉属（*Mucor*）。毛霉没有假根，孢囊梗单生。主要侵染苹果、梨、葡萄、草莓和猕猴桃等，引起毛霉病。常见的毛霉主要是梨形毛霉（*M. piriformis*），发病果实果皮变成深褐色，焦干状，病斑下的果肉变成灰白或褐色，逐渐变软和水化，但没有臭味。发病果蔬上可产生大量白色绒毛状

物，顶端产生肉眼可见的黑色小颗粒，即病原菌的孢子囊。病原菌分布在土壤中，在湿润条件下产生大量黑色的孢子囊，借助雨水飞溅和气流传播。孢子囊或孢囊孢子萌发芽管，通过伤口入侵。毛霉耐低温，贮藏在 0℃ 低温下的果实，也可发现毛霉引起的腐烂。

（3）子囊菌门。子囊菌门属于高等真菌，全部陆生，营养方式有腐生、寄生和共生。营养体为单倍体，细胞壁主要成分为几丁质。除酵母菌是单细胞以外，其他子囊菌菌体都为发达、具隔膜、有分枝的菌丝体。子囊菌的菌丝体可以集结形成子座和菌核等结构，这些结构与子囊菌的繁殖和抵抗不良环境密切相关。有性繁殖通过两个异性配子囊——雄器和产囊体结合，随后减数分裂产生子囊孢子。子囊孢子着生在子囊内，通常 1 个子囊有 8 个子囊孢子，子囊大多着生在子囊果内，子囊果的形态有闭囊壳、子囊壳、子囊盘和子囊座等。很多子囊菌的无性繁殖能力很强，产生各种类型的分生孢子，在自然界经常看到的是其无性阶段，分生孢子在物种繁衍和病害扩散中占据重要位置。与园艺产品采后病害密切相关的子囊菌主要有以下几种：

①长喙壳属（*Ceratocystis*）。子囊壳有长颈（图2-10），子囊壁早期消解。子囊孢子单胞，钢盔状。引起菠萝黑腐病的奇异长喙壳菌（*C. paradoxa*），无性态为奇异根串珠霉（*Thielaviopsis paradoxa*）。

②间座壳属（*Diaporthe*）。子座多发生在树皮上，子囊壳近球形，埋于子座基部，有长梗伸出子座外。子囊棍棒形或圆筒形，单层囊壁，顶壁厚，基部有短柄，柄和子囊壁早期胶质化，使子囊或子囊孢子早期游离在子囊壳内。柑橘间座菌（*D. citri*）引起柑橘褐色蒂腐病，子囊孢子双细胞，椭圆形或纺锤形；无性态为柑橘拟茎点霉菌（*Phomopsis citri*），分生孢子器

图 2-10　长喙壳属

球形或椭圆形，有瘤状空腔，产生 α 分生孢子（卵形）和 β（钩丝状）分生孢子。病原菌在田间感染果皮产生黑点或砂皮，降低果实的外观品质；感染果蒂后常呈潜伏态，待果蒂干枯后再扩展，并沿果蒂和果实之间的离层侵入到果心，引起褐色蒂腐病。病原菌在枯枝上越冬，在生长期降雨时释放子囊孢子或分生孢子进行侵染。管理粗放、树龄大的果园发病尤为严重。

③球座菌属（*Guignardia*）。子囊束生在子囊座内，子囊短圆筒形，双层壁。子囊孢子梭形，单胞，无色。柑橘球座菌（*G. citricarpa*）和葡萄球座菌（*G. bidwellii*）分别引起柑橘黑斑病和葡萄黑腐病。柑橘黑斑病在幼果期感染，果实接近成熟后开始发病，采收期发病达到高峰。由于该病害在欧盟地区

尚未发生，被这些国家列为检疫对象，影响柑橘类水果的国际贸易。

④葡萄座腔菌属（*Bortyosphaeria*）。子囊座垫状，黑色，孔口不显著，稍突起。子囊棍棒形，有短柄，双层囊壁。子囊孢子卵圆形至椭圆形，单胞，无色。贝伦格葡萄座腔菌（*B. berengeriana*）危害苹果和梨，引起轮纹病。病原菌在田间感染幼果，果实接近成熟期、贮藏期和运输期严重发生，引起大量烂果。柑橘葡萄座腔菌（*B. rhodima*）无性态为可可毛色二孢菌（*Lasiodiplodia theobromae*），引起香蕉蒂腐病和柑橘焦腐病。柑橘焦腐病症状与柑橘拟茎点霉褐色蒂腐病相似，大多从果蒂开始发病。但可可毛色二孢菌引起的蒂腐病斑颜色通常比柑橘拟茎点霉引起的病斑更深，边缘发展呈波纹状，而拟茎点霉属引起的蒂腐病边缘发展平缓。可可毛色二孢菌引起柑橘果实迅速腐烂，如果温度适宜（28～30℃），可在 3～4d 使果实崩溃。

⑤核盘菌属（*Sclerotinia*）。菌丝体可形成形态大小各异的黑色菌核，在菌核上产生子囊盘，子囊盘有柄，杯状或漏斗状。与园艺产品采后相关的主要有核盘菌（*S. sclerotiorum*）和小核盘菌（*S. minor*），它们引起甘蓝、大白菜叶球、菜豆、芹菜、莴苣、瓜果、茄果、柑橘、桑葚等园艺产品的腐烂。症状为最初病部组织出现水渍状褐色病斑，上面长出棉絮状的白色菌丝，菌丝逐渐聚集，形成黑色的菌核，病部组织变软，汁液外流，无臭味。核盘菌属真菌耐低温，在−2℃低温下仍能生长和致病，腐烂果实可通过接触传染。

⑥链核盘菌属（*Monilinia*）。子囊盘从假菌核生出，漏斗状或盘形，每个子囊含 8 个子囊孢子。子囊孢子单胞，无色，椭圆形。无性态为丛梗孢属（*Monilia*）。链核盘菌与核果和仁果采后腐烂有关，引起的病害通常称为褐腐病，故该类病原菌也通称为褐腐菌。主要有美澳型核果褐腐病菌（*M. fructicola*）、仁果链核盘菌（*M. fructigena*）、核果链核盘菌（*M. laxa*），以及苹果链核盘菌（*M. mali*）。褐腐病原菌主要侵染油桃、樱桃、桃、李、苹果、梨等果实，引起果实褐腐病。果实受害初期病部为浅褐色软腐状小斑，数日内迅速扩大蔓延及全果，果肉松软，病斑表面长出灰褐色绒状菌丝，上面产生褐色或灰白色孢子，呈同心圆轮纹状排列。该菌在 0℃低温下也生长较快，腐烂的果实可接触传染。

（4）半知菌类。半知菌类真菌是一类在生活史中缺乏有性阶段，或有性阶段尚未发现的真菌。当发现有性阶段时，大多数属于子囊菌，极少数是担子菌。因此，子囊菌和半知菌的关系密切。不过，人们也习惯把一些已知有性阶段，但其有性阶段少见或不重要，而无性阶段发达，更具有重要经济意义的真菌仍然放在半知菌中。对于这类真菌，通常有两个学名，一个是有性态的，一个是无性态的。引起许多蔬菜和水果灰霉病的灰葡萄孢菌无性态学名为

Botrytis cinerea，有性态学名为富克葡萄孢盘菌（*Botryotinia fuckeliana*），人们常见的是其无性态。

半知菌类真菌多为腐生，也有不少寄生或共生。营养体为发达、具隔膜、有分枝的菌丝体，可以形成菌核和子座等菌组织。无性繁殖是从菌丝分化出的分生孢子梗上产生各种类型的分生孢子。园艺产品采后病害常见的半知菌有以下几个属：

①链格孢属（*Alternaria*）。链格孢属常见的有交链格孢（*A. alternata*）、柑橘链格孢（*A. citri*）、芸薹链格孢（*A. brassicae*）、茄链格孢（*A. solani*）等，分别引起苹果霉心病、柑橘黑腐病、十字花科蔬菜黑斑病、茄科蔬菜早疫病等多种园艺产品采后病害。病菌以菌丝或分生孢子在病果、芽鳞等组织上越冬，条件适宜时产生分生孢子，通过自然孔口、衰老组织以及冻害等伤口入侵，在采前潜伏侵染，到果实成熟或组织衰老时发病。病斑可以出现在果实的任何部位，深褐色，表面有一层橄榄绿的霉状物，即病菌的菌丝、分生孢子梗和分生孢子。苹果霉心病则是病原菌在花期感染花器（花丝、花瓣、花萼、柱头），果实发育期陆续进入心室潜伏，到果实生长的中后期发病。柑橘上的情况有两种，其一可能与苹果类似，其二是病原菌感染果皮，引起局部褐斑，病斑上布满墨绿色至黑色的霉层。

②葡萄孢属（*Botrytis*）。葡萄孢属真菌能侵染上百种植物，包括草莓、葡萄、桃、苹果、柑橘等多种水果，番茄、黄瓜、芹菜、洋葱、莴苣等多种蔬菜，以及百合、蝴蝶兰等多种花卉，引起灰霉病。主要种类有灰葡萄孢菌（*B. cinerea*）和葱腐葡萄孢菌（*B. allii*）。灰葡萄孢菌以菌核的形式在田间土壤和病株残体上越冬，产生分生孢子通过风雨传播，从伤口、自然孔口和幼嫩的组织侵入，或先在残留的花瓣腐生，再蔓延至被黏附花瓣的植物组织。病菌也具有潜伏侵染特性，田间感染的带菌园艺产品在贮藏和运输期间发病，产生的分生孢子继续侵染危害。受害组织呈浅褐色，病斑软化，迅速扩展，产生灰褐色的霉层（即病原菌的分生孢子），有时有黑色的菌核出现。由于该菌对低温有较强的忍耐力，在−4℃下也能生长萌发，产生孢子和引起寄主发病，故对园艺产品采后安全影响很大。图 2-11 为黄瓜果腐病菌。

③炭疽菌属（*Colletotrichum*）。炭疽菌属真菌引起苹果、柑橘、杧果、草莓、桃、香蕉、瓜果、菜豆等水果和蔬菜炭疽病。常见的种类有胶孢炭疽病菌（*C. gloeosporioides*）、芭蕉炭疽病菌（*C. musae*）、瓜类炭疽病菌（*C. anthracnose*）和菜豆炭疽病菌（*C. lindmuthianum*）。病原菌在田间的病残组织上越冬，也可在活体组织上腐生或潜伏侵染，在条件适宜时产生分生孢子，通过雨水飞溅传播，萌发形成芽管和附着胞，进一步形成侵染钉直接穿过

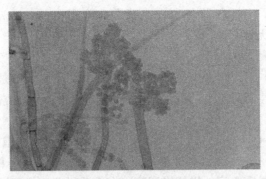

图 2-11 黄瓜果腐病菌

寄主表皮侵入，或以附着胞的形式潜伏在果皮，待果实接近成熟、贮藏和运输期间发病（田间也可发病）。病原菌潜伏带菌现象普遍，从柑橘健康无症的叶片和果皮上均能分离到炭疽菌。发病初期，果实表面出现褐色圆形小斑，迅速扩大，呈深褐色，稍凹陷皱褶，病斑呈同心轮纹状排列，湿度大时，溢出粉红色黏液。果实一旦出现炭疽病斑，迅速扩展腐烂，造成重大的经济损失。

　　④青霉属（*Penicillium*）。青霉属真菌引起柑橘、苹果、梨、葡萄、无花果、大蒜、甘薯等园艺产品采后青霉病（blue mold）和绿霉病（green mold）。青霉属真菌种类繁多，对寄主有一定的专一性，如指状青霉（*P. digitatum*）和意大利青霉（*P. italicum*）只能引起柑橘果实采后腐烂；扩展青霉（*P. expansum*）主要引起苹果、梨、葡萄和核果类水果采后腐烂；多毛青霉（*P. hirsutum*）则入侵大蒜；鲜绿青霉（P. viridicatum）只能侵染甜瓜，青霉菌（图 2-12）广泛存在于土壤、空气和贮藏库墙壁及贮藏的包装器具中。孢子萌发后从伤口入侵，也可通过果实衰老后的皮孔直接侵入组织。发病初期果皮组织呈水渍状，迅速扩展，病部初期产生白色菌丝，后产生青、绿色霉层，即病原菌分生孢子。这些分生孢子可作为侵染源，在贮藏期继续传播，引发再侵染。

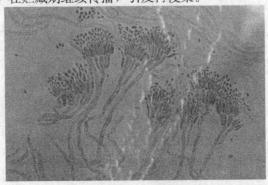

图 2-12 青霉菌

⑤镰刀菌属（*Fusarium*）。镰刀菌属真菌可产生厚垣孢子，在土壤中存活多年，是典型的土传病害病原。病原菌孢子可通过雨水、灌溉水及农事操作传播，可以危害多种蔬菜和观赏植物，在贮藏期以块根、块茎、鳞茎和甜瓜等受害最为严重。引起园艺产品贮运期病害的镰刀菌主要种类包括粉红镰刀菌（*F. roseum*）、串珠镰刀菌（*F. moniliforme*）、木贼镰孢菌（*F. equiseti*）、尖镰孢菌（*F. oxysporum*）、黄色镰孢菌（*F. culmorum*）和腐皮镰孢菌（*F. solani*）等。这些病原菌可在田间、采收前或采收后侵入寄主，但发病主要在贮藏期。受害组织开始为淡褐色斑块，上面出现白色或粉红色霉状物，逐渐变为深褐色的菌丛，病部组织呈海绵状。病原菌生长最适温度 25～30℃，5℃以下低温对镰刀菌的生长有明显抑制作用。

⑥地霉属（*Geotrichum*）。地霉属常见的白地霉（*G. candidum*）引起柑橘、番茄、胡萝卜等果蔬酸腐。地霉属菌广泛分布于土壤中，在采前或采收时污染果蔬表面，从伤口、裂口和茎疤处侵入组织。症状开始为水渍状褐斑，组织软化，逐渐扩大至全果，果皮破裂，病斑表面有一层奶油色黏性菌丝层，其上有灰白色孢子，果肉腐烂酸臭，溢出酸味汁液。病害在 25～30℃高温、高湿时发病迅速，10℃以下低温对该菌的生长有抑制。

⑦轮枝孢属（*Verticillium*）。轮枝孢属的可可轮枝孢菌（*V. theobromae*）危害香蕉引起轮枝菌冠腐病。此病在加那利群岛、非洲和亚洲的伊朗和印度等地造成严重损失。在埃及，一半以上的香蕉腐烂是由轮枝孢菌侵染引起的。

⑧聚端孢属（*Trichothecium*）。聚端孢属的粉红聚端孢霉（*T. roseum*）引起苹果和梨霉心病或心腐病。粉红聚端孢偶尔侵染甜瓜，尤其是哈密瓜。

3. 园艺产品采后病原细菌　细菌是原核生物，单细胞，没有核膜，绝大部分不能自己制造养分，必须从有机物或动物体上吸取营养来维持生命活动。大多数植物病原细菌都能游动。细菌的繁殖方式一般为裂殖，繁殖速度很快，条件适宜时 20min 即可繁殖一代。一般植物病原细菌的生长最适温度 26～30℃，细菌能耐低温，在冰冻条件下仍能保持生活力，但对高温敏感，一般致死温度是 50℃左右（10min）。

细菌不能直接侵入完整的植物表皮，一般只能通过自然孔口和伤口侵入。植物细菌病害的症状可分为组织坏死、萎蔫和畸形。园艺产品采后细菌性病害的种类不多，最主要的是欧文氏菌属（*Erwinia*），其次是假单胞菌属（*Pseudomonas*）。

（1）欧文氏菌属。欧文氏菌菌体为短杆状，不产生芽孢，革兰氏反应为阴性，在有氧或无氧条件下均能生长（兼性好氧）。欧文氏菌属包含很多种，其中有 30 多个重要的种。根据该属细菌的寄生性和致病性，结合生理生化特性，可将该属细菌分为 3 个菌群，以胡萝卜软腐欧文氏菌（*E. carotovora*）为代表的软腐菌群与园艺产品采后病害关系密切。

胡萝卜软腐欧文氏菌俗称大白菜软腐病菌，寄主范围广泛，包括十字花科、葫芦科、禾本科和茄科等 20 多科数百种果蔬和大田作物。病原菌从伤口侵染或由昆虫取食时带入，先在伤口或细胞间吸取养分，然后分泌果胶酶，分解细胞壁的中胶层，导致细胞离析，组织解体，病组织表现软腐或湿腐状，最终整个机体腐烂，汁液外溢，侵染相邻果蔬，造成成片腐烂，散发臭味。肉质和多汁的组织最易感病，尤其是在厌氧条件下最易受害。病原菌具有潜伏侵染的特性，田间带菌的产品在贮藏期发病，引起很大损失。几乎所有采后园艺产品均可受害，最典型的例子为大白菜软腐病。虽然病原菌在 0～2℃ 的低温下也可生长，但是胡萝卜细菌性软腐病在温度低于 5℃ 时很少发生。因此，低温贮藏可以抑制病菌的生长，减轻病害。

（2）假单胞菌属。假单胞菌呈革兰氏染色阴性反应，不产生芽孢，是好气性病原菌。假单胞菌寄主范围广，大多在田间危害，引起萎蔫、叶斑、肿瘤等症状。其中对采后园艺产品构成危害的以边缘假单胞菌（*P. marginalis*）最常见。病原菌可引起黄瓜、芹菜、莴苣、番茄和甘蓝软腐。假单胞菌引起的软腐症状与欧文氏菌很相似，但不产生气体或产生的气体臭味较弱。

4. 化学杀菌剂的种类

（1）盐类杀菌剂。常见的有山梨酸钾、四硼酸钠（硼砂）、无水碳酸钠和碳酸氢钠等。山梨酸钾作为一种广谱高效杀菌药物，主要用于水果及食品加工过程中的灭菌。在加工过程中，添加足够量的山梨酸钾，可以减少根霉、青霉和曲霉等霉菌的初始菌量。在加热的杀菌剂抑霉唑或噻苯咪唑溶液中添加 1%（m/V）山梨酸钾可提高杀菌剂对柑橘绿霉病和酸腐病的防治效果。硼砂、碳酸钠和碳酸氢钠等碱性无机盐在 20 世纪 50 年代用于柑橘等果蔬采后病害防治。在 43.5℃ 条件下，6%～8% 的硼砂溶液可控制青霉菌引起的腐败和可可毛色二孢菌及柑橘拟茎点霉菌引起的蒂腐病，在抑霉唑中添加 3% 碳酸氢钠可显著提高抑霉唑对柑橘绿霉菌的防治效果。用 0.4% 硼砂溶液处理绿熟番茄后，用塑料薄膜袋包装进行自发性气调贮藏，腐烂率明显下降。

（2）氯化物。次氯酸钠、次氯酸钙和氯气的水溶液可产生具有杀菌作用的次氯酸，被广泛应用于水果的采后处理，以杀死洗涤水、未受伤水果表面和设备上的病原菌，是一种有效、廉价、无残留的采后果品消毒处理剂。次氯酸盐被广泛用于控制桃的软腐病和褐腐病，以及马铃薯和胡萝卜的细菌病害，使用浓度为 100～500mg/L（有效氯）。三氯化氮被用于柑橘贮藏库的熏蒸，一般每周按 54～106mg/m³ 熏蒸 3～4h，可减少果实在贮藏期间的腐烂。但次氯酸对已经入侵伤口内部的病原菌抑制效果不明显。有三方面的因素影响次氯酸的有效性和活性，分别是 pH、温度和有机或无机污染物。

（3）硫化物。二氧化硫常用于葡萄、荔枝和龙眼的采后病害控制。

（4）仲丁胺类。仲丁胺是一种脂肪族胺，在空气中浓度达到 $100\mu L/L$ 时，对青霉菌有强烈的抑制作用，因此被用于柑橘果实青霉病、绿霉病的防治。仲丁胺可作为熏蒸剂，也可用仲丁胺盐溶液浸淋，或加入蜡质剂中使用，一般仲丁胺盐使用浓度为 $0.5\%\sim2\%$。

（5）酚类。邻苯酚对微生物致死限度和对新鲜果蔬损伤浓度为 $100\sim200mg/L$，取决于溶液的温度与接触时间，利用邻苯酚浸纸包果，可抑制多种采后病害。

（6）联苯。用联苯浸渍包装纸单果包装，或在箱底部和顶部铺垫苯酚纸控制柑橘果实青霉病。

（7）苯并咪唑类杀菌剂。苯并咪唑及其衍生物杀菌剂主要包括苯菌灵、甲基硫菌灵、多菌灵、噻苯咪唑等，这类药物具有内吸性，对青霉菌、毛色二孢、拟茎点霉、葡萄孢菌、炭疽菌、链核盘菌具有很强的杀伤力。

（8）DMI 类杀菌剂。包括抑霉唑、咪鲜胺、嗪氨灵、戊唑醇等。

（9）二甲酰亚胺类杀菌剂。主要有二甲酰亚胺类、氯硝铵和异菌脲。

其他还有甲氧基丙烯酸酯类杀菌剂、苯基吡咯类杀菌剂、嘧啶类杀菌剂、双胍盐、植物生长调节剂。

5. 化学杀菌剂处理方法　杀菌剂采后处理的方法主要包括浸润、冲洗、清擦、熏蒸、撒粉和纸包装，以及最近常用的大容量或小容量的喷淋系统。

通常药剂配制成水溶液，也可加入果蜡，以蜡—油乳化剂方式应用。用于采后果品的蜡油有石蜡油（来自石油）、植物油、巴西棕榈油或者虫胶。果蜡通常是为了防止商品在贮藏和运输过程中的水分损失。此外，它还可以增强果实的外观品质。多数的蜡（虫胶除外）都允许气体交换，因此呼吸作用可以伴随着最小的水分损失而进行。

6. 影响化学杀菌剂处理效果的因素　杀菌剂对园艺产品采后腐烂的防治效果受多方面因素的影响，包括杀菌剂的效能和杀菌谱、使用方法、园艺产品表面的污染物，以及病原抗性群体的产生等。一般来说，添加蜡可以提高药剂在果实上的覆盖率，提高杀菌剂的效果。如异菌脲添加蜡—油作乳剂可以明显提高其对广谱病原的效果；用于防治绿霉病的抑霉唑如果在较高温度下使用或者添加 3%碳酸氢钠，可明显提高防治效果，而添加包蜡会降低防治效果。

高湿会减少作物水分的散失，但同时会促进病害的发生，从而降低药物的使用效果。此外，杀菌剂如克菌丹以及嗪氨灵会发生水解反应，因此果面潮湿会加速药剂失效。化学制剂处理过的园艺产品在贮藏和运输过程中，置于特定的环境下，如低 O_2 和高 CO_2 或者 N_2，能够影响化学处理的效果。杀菌剂如异菌脲在碱性环境下降解加快，咯菌腈对光敏感，在阳光下容易降解。因此，为保证最佳的防治效果，在选择杀菌剂时应充分考虑药液的温度、酸碱度、混用的果蜡性质，以及贮藏的环境条件。

7. 杀菌剂抗性　在病害发生阶段，大多数植物病原真菌都是以无性态方式存在，繁殖系数大，能够很快积累突变。在有杀菌剂存在的选择压力下，那些能够抵抗杀菌剂而存活的突变体被选择出来，其种群不断增大，最终发展成为种群中的优势群体。与原始种群相比，抗性群体对杀菌剂的敏感性下降，甚至完全失效。这种敏感性下降的优势群体的出现最终导致药剂防治效果下降，甚至完全丧失。

单作用位点的杀菌剂仅影响生理途径中的特定反应，在杀菌剂压力下，病原菌容易从敏感性不同的混杂群体中筛选出抗性个体，即病原菌对这类杀菌剂产生的抗性风险很高。例如，苯并咪唑类杀菌剂的作用位点是微管蛋白基因，甲氧基丙烯酸酯类杀菌剂的作用位点为真菌线粒体的电子传递链的复合物Ⅲ（细胞色素 b 基因），阻止电子传递，抑制能量合成。这些基因关键位点的突变，将完全丧失与药剂的结合力，从而发展成为抗药群体。具有多作用位点的杀真菌剂是通过干扰众多生长不可缺少的过程，来达到抑制菌体生长的目的。与单作用位点杀菌剂相比，抗多作用位点杀菌剂的群体产生较慢，一般病原菌对多作用位点杀菌剂产生抗性的风险较低。

病原菌一旦对某一特定的杀真菌剂产生抗性，其抗性种群就会对与其作用机制一致的同类杀菌剂产生抗性，即正交互抗性。例如，抗苯菌灵的灰葡萄孢菌种群同样抗甲基硫菌灵、噻苯咪唑和多菌灵。此外，同一病原菌对不同作用机制（结构不相关化合物）的杀真菌剂也均有抗性，即所谓的多重抗性。例如，美国报道存在同时能抗邻苯酚（OPP）、噻苯咪唑和抑霉唑的多重抗性的柑橘绿霉菌。多重抗性菌株的存在给药剂防治带来了困难。

【任务安全环节】

（1）户外作业时要穿着适宜活动的衣服和鞋袜。

（2）须长时间在阳光下操作时，可在遮盖物下工作，并使用个人防护衣物/器具/帽子。

（3）高温长时间户外操作时，要适当休息，并饮用合适的饮料，补充失去的水分及盐分。

（4）任务实践时要避免刀刃等利器碰伤，注意自身安全。

任务二　生理性病害防治

【知识点】

1. 低温伤害

（1）冷害。是指植物组织置于低于标准的临界温度但高于其冰点的温度下出现的生理失调的症状。

①冷害的临界温度。因种类而异，一般为 0～15℃。

②冷害发生的原因。伤害开始时，产品呼吸速率异常增加，随着冷害加重，呼吸速率又开始下降。呼吸熵增加，组织中乙醇、乙醛积累。冷害严重，细胞膜受到永久伤害时，一些酶活性不能恢复，乙烯产量很低，无法后熟。

低温首先冲击细胞膜，引起相变，即膜从相对流动的液晶态变成流动性下降的凝胶态。一些关键酶如果糖磷酸激酶功能失常。

③冷害的症状。早期症状为表面凹陷斑点，在冷害发展的过程中会连成大块凹坑。另一个典型的症状为表皮或组织内部褐变，呈现棕色、褐色或黑色斑点或条纹，一些褐变在低温下表现，有些则是在转入室温下才出现。水渍状斑块，失绿。不能正常后熟，不能变软，不能正常着色，不能产生特有的香气，甚至有异味。冷害严重时，产生腐烂。

④影响冷害的因素。内因：园艺产品的种类、品种和成熟度。通常生长期温度高的产品对冷害更敏感；成熟度越低，对冷害越敏感。外因：贮藏温度和时间、湿度、气体条件等。通常提高 CO_2 浓度和降低 O_2 浓度可减轻冷害发生。

⑤冷害的控制。温度调节：低温预贮、逐渐降温法、间歇升温、热处理等。湿度调节：塑料袋包装或打蜡。高湿降低了产品的水分蒸散，从而减轻了冷害的某些症状。气体调节：气调能否减轻冷害还没有一致的结论。葡萄柚、西葫芦、油梨、日本杏、桃、菠萝等在气调中冷害症状都得以减轻，但黄瓜、番茄和辣椒则反而加重。化学物质处理：氯化钙、乙氧基喹、苯甲酸、红花油、矿物油、乙烯和外源多胺等处理均可减轻冷害症状。

（2）冻害。冰点以下的低温引起的园艺产品的伤害。冻害发生在园艺产品的冰点温度以下，主要导致细胞结冰破裂，组织损伤，出现萎蔫、变色和死亡，植物组织表现出水泡状、组织透明或半透明状态。一些常见水果蔬菜的冰点温度见表 2-3，主要水果、蔬菜对低温冻害的敏感度见表 2-4。

表 2-3　一些常见水果蔬菜的冰点温度

园艺商品	冰点温度（℃）
苹果	$-2.2\sim-1.7$
芦笋	$-1.4\sim-1.1$
樱桃	$-4.3\sim-3.8$
黄瓜	$-0.9\sim-0.8$
葡萄	$-5.3\sim-2.9$
生菜	$-0.6\sim-0.3$
洋葱	$-1.3\sim-0.9$
柑橘	$-2.3\sim-2.0$
马铃薯	$-1.8\sim-1.7$
番茄	$-1.0\sim-0.7$

表 2-4　主要水果蔬菜对低温冻害的敏感度

敏感品种	杏、鳄梨、香蕉、浆果、桃、李、柠檬、蚕豆、黄瓜、茄子、莴苣、甜椒、马铃薯、甘薯、夏南瓜、番茄
中等敏感品种	苹果、梨、葡萄、花椰菜、嫩甘蓝、胡萝卜、芹菜、洋葱、豌豆、菠菜、萝卜、冬南瓜
最敏感品种	枣、椰子、甜菜、大白菜、甘蓝、大头菜

2. 呼吸失调

（1）低 O_2 伤害。是指因环境空气中 O_2 含量过低，而导致呼吸失常及无氧呼吸加强造成的采后生理病害。通常环境中 O_2 浓度低于 2%，园艺产品进行无氧呼吸。低氧伤害的症状表现为表皮局部组织下陷，褐色斑点。

（2）高 CO_2 伤害。环境中的 CO_2 浓度超过 10% 时，线粒体中的琥珀酸脱氢酶系统受抑制，影响三羧酸循环的正常进行，丙酮酸向乙醛和乙醇转化，导致这些物质积累，引起组织伤害和出现风味品质恶化。园艺产品表现为表皮凹陷，产生褐色斑点。

3. 营养失调

（1）低钙水平引起的失调。

①症状。褐变和组织崩溃，如苹果苦痘病（图 2-13）、虎皮病、水心病（图 2-14），大白菜黑心病，番茄花后腐烂等。

图 2-13　苹果苦痘病　　　　　　　　图 2-14　苹果水心病

②控制方法。选择抗性品种；田间或采后喷施钙；在适宜的成熟度采收；气调贮藏，适当提高 CO_2 浓度。

（2）缺硼引起的营养失调。

①症状。出现黑心病，肉质部分木质化等。

②控制方法。田间喷施硼砂。

4. 乙烯毒害　乙烯的主要作用是催熟，即增强浆果的呼吸强度，促进新陈代谢，加速衰老腐败。果粒软化是乙烯中毒最明显的症状。

乙烯中毒后通过通风换气和适当降低贮藏温度，即可达到减轻毒害作用的目的。

【任务实践】

实践　果蔬贮藏生理病害识别

1. 材料　苹果苦痘病、虎皮病、红玉斑点病，梨黑心病、鸭梨黑皮病，柑橘水肿病、褐斑病、枯水病，香蕉冷害，马铃薯黑心病，蒜薹褐斑病，黄瓜、甜椒、扁豆、番茄等果菜类冷害等症状标本和挂图。

2. 生理性病害识别　选择当地果蔬在贮运中的生理性病害，观察、记录主要生理性病害的症状特点，了解其致病原因，并填表 2-5。

表 2-5　主要生理性病害的症状

编号	果蔬名称	病害名称	症状描述	病因分析	预防措施

（续）

编号	果蔬名称	病害名称	症状描述	病因分析	预防措施

【思考与讨论】

1. 主要果品生理性病害症状描述，病害分析，预防措施。
2. 主要蔬菜生理性病害症状描述，病害分析，预防措施。

【任务安全环节】

（1）户外作业时要穿着适宜活动的衣服和鞋袜。

（2）须长时间在阳光下操作时，可在遮盖物下工作，并使用个人防护衣物/器具/帽子。

（3）高温长时间户外操作时，要适当休息，并饮用合适的饮料，补充失去的水分及盐分。

（4）任务实践时要避免刀刃等利器碰伤，注意自身安全。

单元三 园艺产品运输

模块分解

任务	任务分解	要求
1. 园艺产品运输要求	1. 新鲜果蔬的运输要求 2. 观赏植物的运输要求	1. 掌握不同类型园艺产品运输要求
2. 园艺产品运输方式	1. 陆地运输 2. 水路运输 3. 航空运输 4. 集装箱运输	1. 了解各种运输途径 2. 掌握陆地运输工具特点
3. 园艺产品运输技术	1. 低温运输预冷技术 2. 装载 3. 途中管理 4. 到达作业	1. 掌握冷链运输技术要求 2. 掌握园艺产品运输管理

任务一　园艺产品运输要求

【案例】

"通过农超对接，我们的大棚新鲜蔬菜就能直接进入各大超市，真是太方便了。"6月17日一大早，湖南省龙山县华塘街道红岩村村民张孝松一边将刚采摘的番茄装车，一边乐呵呵地说。2010年以来，华塘街道的菜农们坐上了农超对接直通车，农民的"菜园子"直接进入了市民的"菜篮子"。

资料来源：龙山新闻网，2013-12-11。

分析提示：农民蔬菜采后运销机制是怎样的？有什么好处？

【知识点】

1. 新鲜果蔬的运输要求　随着人们对新鲜水果和蔬菜要求的提高，我国城市果蔬供应从就地供应为主、外地调节为辅逐步转变为较多依靠外地供应，从短距离调节变为长途运销的销售方式。运输已成为果蔬流通过程各环节不可缺少的部分。为了保持果蔬的新鲜品质，对运输技术的要求也很高，其结果又进一步推动了运输工具和运输系统的技术改革。

运输中环境条件、果蔬的生理生化变化和保持果蔬品质之间的关系十分密切。运输条件虽与贮藏时的情况类似，但不同的是运输是动态的，而且动态的环境变化更快，所受振动很大，因此对品质的影响更大。在流通过程中保护产品、方便贮运、促进销售，除必须采用适当的材料、包装容器和施加一定的技术处理外，还必须重视装卸、搬运和操作质量。野蛮装卸会造成新鲜果蔬的机械损伤，引发腐烂变质，造成巨大经济损失。

运输的环境条件与果蔬品质的关系主要有7个方面，运输果蔬的要求也是针对这些问题提出的。

（1）防振减振。振动是水果蔬菜运输时应考虑的基本环境条件。由于振动造成果蔬的机械损伤和生理伤害，会影响果蔬的贮藏性能。因此，运输中必须避免和减少振动。

在运输过程中，由于振动和摇动，包装箱内果蔬逐渐下沉，箱内上部产生空间，果蔬与箱子发生二次运动及旋转运动，使所受加速度升级，箱上部受到的加速度可为下部的2~3倍，所以越是上部的果蔬，越易变软和受伤。

在同一箱内的个体之间，或车与箱之间以及箱与箱之间的固有振动频率一旦相同时，就会产生共振现象。这时，车的上部就会一下子受到异常强烈的振动。箱子垛得越高，共振越严重。如垛的高度相同，则箱子越小、数目越多，上部箱子的振动越大。对于不致发生伤害的小振动，如果反复地增加作用次数，则果蔬组织的强度也会急剧下降。之后，如果遇到稍大一些的振动冲击，也有可能使产品受到损伤。

在箱子受到一定振动加速度的情况下，箱内果蔬所受的振动加速度不一定与之相等。因为箱子、填充材料、包果纸等能吸收一部分振动力，或者一部分冲击力改变了方向，使新鲜果蔬所受的冲击力有所减弱。

在箱子内部，下部的果蔬受上部果蔬负载的影响，且箱子越高，影响越大。堆垛时，堆的方法和箱子的强度不同，上部的荷重对下部箱子的影响也不相同。车子行驶中，由于振动，果蔬还受运动荷重的影响，这些都会增加损伤。

新鲜果蔬的耐运性，既与果蔬内在因素，如遗传性、栽培条件、成熟度、果实大小有关，又受运输条件的综合影响。此外，新鲜水果蔬菜由于振动、滚动、跌落产生外伤，会使呼吸急剧上升，内含物消耗增加，风味下降。即使运输中未造成外伤的振动，也会使果蔬呼吸上升。

成熟度不同，对振动的敏感性不一样，如番茄以破色期最为敏感。在后熟过程中振动带来的影响也很明显，如后熟异常，果实完熟后风味明显变劣等。因此，运输时必须尽量减少振动。

（2）温度。温度是运输过程中的重要环境条件之一。采用低温流通措施对保持果蔬的新鲜度、品质以及降低运输损耗十分重要。

我国目前低温运输事业的发展还远不能满足新鲜果蔬运输的需要，大部分果蔬尚须在常温下运输。

①常温运输。在常温运输中，不论何种运输工具，其货箱的温度和产品温度都受外界气温的影响，特别是在盛夏或严冬时，这种影响更为突出。

夏季用可遮阳的卡车运送果蔬，一般货垛上部温度最高，货垛上部或中部的货温与下部货温可有 5℃以上的温差。雨天则货垛下部的温度最高，但各部分的温差不大。运输途中，果蔬温度一旦上升，以后即使外界气温降低，产品温度也不容易降低。采用铁路运输果蔬，虽然受气温的影响也很大，但由于货车的构造不同，其效果也有一定差别。冬季通风车比不通风车受气温影响大，货品温度变化也大。

比较不同运输包装的温度变化，木箱与纸箱相似。但纸箱堆得较密，运输途中，纸箱温度比木箱高 1~2℃。

②低温运输。在低温运输中，温度的控制不仅受冷藏车或冷藏箱的构造及制冷能力的影响，而且也与空气排出口的位置和空气循环状况密切相关。一般空气排出口设在上部时，货物就会从上部开始冷却。如果堆垛不当，冷气循

环不好，会影响下部货物冷却的速度，在这种情况下，改善冷气循环状况，能使下部货物的冷却效果与上部货物趋于一致。

冷藏船的船舱容积较大，装货时间长，为避免出现货物冷却速度慢、仓内不同部位温差大等现象，可使用冷藏集装箱为装运单位进行装载。

（3）湿度。果蔬新鲜度和品质保持需要较高的湿度条件，在运输中由于果蔬本身的水分蒸腾强度、包装容器的材料种类、包装容器的大小、所用缓冲材料的种类等不同，使果蔬所处环境的湿度亦不同。新鲜果蔬装入普通纸箱，在1d以内，箱内空气相对湿度可达95%～100%，运输中仍会保持这个水平。纸箱吸潮后抗压强度下降，有可能使果蔬受伤。如采用隔水纸箱（纸板上涂以石蜡和石蜡树脂为主要成分的防水剂）或在纸箱中用聚乙烯薄膜铺垫，则可有效防止纸箱吸潮。如果用比较干燥的木箱包装，由于木材吸湿，易使运输环境湿度下降。对于高温运输，为防止发生霉烂及某些生理病害，如苹果褐腐病、柑橘水肿病等，应事先采取相应的预防措施。

（4）气体成分。除气调运输外，新鲜果蔬因自身呼吸、容器材料性质以及运输工具的不同，容器内气体成分也会有相应的改变。

使用普通纸箱时，因气体分子可从箱面上自由扩散，箱内气体成分变化不大。当使用具有耐水性塑料薄膜贴附的纸箱时，气体分子的扩散受到抑制，气体积聚，积聚的程度因塑料薄膜的种类和厚度而异。

（5）包装。包装可提高与保持果蔬的商品价值，方便运输与贮藏，减少流通过程的损耗，有利于销售。包装所用的材料要根据果蔬种类和运输条件等选定。果蔬包装材料常用的有木箱、塑料箱、纸箱等，抗挤压的蔬菜也可用麻布包、蒲包、化纤包等包装。

果蔬装箱后，经检验，各项指标（包括质量、数量、等级、个数、排列、包装等）都合格者即可封箱成件。一般木箱用铁钉封钉，并在两端距离挡板左右各用16号铁丝捆扎一道；纸箱用强力胶水纸带封箱，尼龙扁带捆扎。

（6）堆码。新鲜果蔬的装车方法正确与否，与货物的运输质量高低有非常重要的关系。果蔬装车，必须先从保证其质量的角度考虑，在此基础上尽量兼顾车辆载重量和容积的充分利用。新鲜园艺产品的装车方法属于留间隙的堆码方法，按其所留间隙的方式和程度不同又可分为以下几种方法：

①品字形装车法。此法适用于箱装，并在高温季节需冷却或通风，或在寒冷季节需加温的货物。品字形就是把奇、偶数层的货件骑缝装载，使之呈品字形。这种方法只能在车辆的纵向形成通风道，不便上下和横向通风，但装载牢靠，适于制冷能力强、有强制通风装置的机冷车。

②井字形装车法。这种装载方法灵活多样，各层货件纵横交错，可按车辆

有效装载尺寸和包装规格，确定纵向或横向的放置件数。这种装载方法的原则是，货箱与侧板之间留空隙，端板之间靠紧，奇数层与奇数层、偶数层与偶数层的装法相同，奇数层与偶数层交叉堆放形成井字。此法的特点是，空气可在每个井字孔中上下流动，并可通过井字孔窜入箱间的缝隙，各层纵向的直缝内空气也能畅通无阻，装载牢靠，装载量较大。

③"一二三、三二一"装车法。此法是我国铁路在冬季运输柑橘时使用较多的一种装车方法。该方法中空气只能在车辆的 3 条通风道流通，空气循环情况比上述两种方法都差，但可以提高装载量。此法适用于运输较坚实的果蔬。

园艺产品的装卸应尽可能在短时间内完成。铁路部门对每种冷藏车都规定有装卸时限。装载已预冷的园艺产品时，作业不得中断，装车后应及时关门密封，减少外界热量传入。

在我国，由于现有条件的限制，园艺产品运输时绝大部分未经预冷，通常用的补偿办法是在包装间夹冰块。夹冰运输尤其适用于绿叶蔬菜、青椒等，可加速货温下降，减少干物质损耗，是保温车的常用措施和普通篷车运输的必要措施。

(7) 装卸。新鲜果蔬流通过程中，装卸是必不可少的重要环节。新鲜果蔬鲜嫩，含水量高，如果装卸搬运中操作粗放、野蛮，将使商品产生机械损伤、腐烂，造成巨大的经济损失。

我国果品蔬菜装卸搬运多靠人力，劳动强度大，装卸不当，往往损失惨重。近年来，随着生产水平的提高，一些大型车站、码头已逐步实现搬运装卸机械化，尤其是外销口岸，普遍采用了传送带、叉车、电瓶车、起重吊车等设备，改善装卸搬运条件。目前国际上多采用标准货件制进行装卸，这种方法便于机械化装卸，提高装卸效率；减少装卸过程中的磕碰损伤，保证果蔬的质量，避免污染和丢失；定数、定量便于计数，有利于管理。

生产中常用的装卸设备有以下几种：

①托盘。用于码垛包装箱（袋）等。托盘是实现货物集装单元化和装卸机械化的重要器具。

②电动、手动托盘推车。用于装卸平台与车厢之间、平台与冷库之间的托盘水平搬运作业。具有体积小、重量轻，机动性好，购置费低等特点。可从车厢后部进入车厢内部进行搬运托盘的作业，是往返于车厢、装卸平台和冷藏库之间的主要装卸工具。

③叉车。用于地面与车厢之间的托盘搬运和码垛。其特点是体积、质量较大，可垂直升降托盘，起重量大，但购置费较高，只能在车厢后面和侧面进行装卸。适用于普通卡车的装卸，而不适用于冷藏车和保温车的装卸作业。另

外，叉车体积大，转弯半径大，不适合在小型冷库内作业。

④手推车。用于少量果蔬箱的搬运。

⑤输送机。用于地面与装卸平台之间的果蔬箱输送，有滑道式和传送式两种。

⑥渡板。放在装卸平台与车厢之间起渡桥作用。

综上所述，果蔬的运输质量涉及温湿度管理、包装、堆码、装卸技术、运输工具和道路条件等方面，是一个复杂的综合管理过程。为了减少运输损失，运输过程中应遵循以下原则：快装快运、轻装轻运、防热防冻。

2. 观赏植物的运输要求

（1）运输环境的控制

①温度。环境温度是影响观赏植物产品运输质量的重要因素之一。适宜、稳定的低温有利于保持产品质量。另外，运输适温因观赏植物的种类、品种、栽培环境以及运输距离和时间而定。就种类而言，温带起源的花卉运输适温相对较低，通常在5℃以下，热带起源的花卉则相对较高，通常在14℃左右，亚热带起源的花卉介于二者之间，如唐菖蒲为5～8℃。一些常见鲜切花的运输适温见表3-1。从栽培环境来看，相同品种在露地栽培比在保护地栽培的运输适温相对较低。从运输距离来看，远距离运输比近距离运输适温相对低些。总之，相同的观赏植物运输适温要低于后期贮藏适温，这是因为运输前后温度变化较大，如果刻意追求低温会适得其反。

表3-1　一些常见切花的运输适温

（高俊平，2002）

种类	运输适温（℃）	种类	运输适温℃
亚洲百合	5～7	非洲菊	2～5
卡特兰	13～15	唐菖蒲	5～8
菊花	4～7	满天星	3～5
翠雀	8～12	补血草	4～7
香石竹	2～5	紫罗兰	5～8
草原龙胆	5～10	月季	2～5
小苍兰	2～4	郁金香	4～6

②湿度。短途运输时湿度对观赏植物的影响较小，但长距离运输时就要考虑湿度的影响。观赏植物的蒸腾作用本来属于正常的生理代谢，在没有水分供给的运输即干运情况下，蒸腾往往使产品失水萎蔫、品质降低。运输途中维持适宜的湿度条件，有利于保持观赏植物的鲜度。

不同类型的产品对湿度的要求不同，鲜切花对相对湿度的要求较高，通常在 85%～90%；而球根花卉种球类则要求较低，特别是膜质鳞片化的种类，湿度要求较低。

影响产品相对湿度的主要因子有包装材料和环境温度。目前创造高湿度运输环境的措施有：在运输车辆内应用加湿装置、利用薄膜包装花材、在运输空间洒水以及向包装箱内加入碎冰等。

③气体成分。影响观赏植物运输质量的微环境气体主要有 O_2、CO_2 以及乙烯等。其中，低浓度 O_2 和高浓度 CO_2 有利于降低产品生理代谢活性，减少运输损耗。高浓度的 CO_2 有部分代替低温的效果。因此，可通过调节气体微环境达到节能运输的效果。

另外，运输过程中要防止乙烯产生危害。主要措施有在运输之前用含有乙烯作用抑制剂的预处液处理切花，如硫代硫酸银化合物（STS）；运输途中包装容器内放置乙烯吸收剂，如活性炭、高锰酸钾等。

（2）运输应快速平稳，减小振动。运输途中振动会引起机械损伤，加快乙烯的释放，加快花卉开放，同时使植物易受病原微生物侵染，进而影响观赏植物的产品质量。为减小运输中的振动，可在包装时增加填充物，装载堆码时尽可能使产品稳固或者牢靠捆绑，以免造成挤压、碰撞等机械损伤。

（3）做好卫生工作。装载产品前，要做好运输工具及运输载体的杀菌消毒工作。

（4）运输的产品要符合标准。成熟度和包装符合规定，并且新鲜、清洁、无损伤和萎蔫。

（5）产品分类装运，不可混装。由于观赏植物的产品特性差异很大，会产生各种挥发性物质，造成相互干扰，影响运输安全和质量，因此要对产品进行分类装运，不能混装，尤其是不能和产生乙烯量大的产品一起装运。

【思考与讨论】

1. 简述园艺产品对运输的要求。
2. 简述振动对园艺产品的危害。
3. 园艺产品混装有哪些危害？

【知识拓展】

园艺产品运输流通的基本原则

（1）快速性。园艺产品的新鲜度就是生命。新鲜果蔬、花卉采收后仍是一个活体，呼吸和蒸腾作用会不断消耗体内贮存的营养物质，同时散发出热量。

因此，从采收到消费者手中，经过的环节越少，速度越快，其新鲜度和品质就越好。

（2）集散性。园艺产品的生产和销售是分散的。作为商品要经过一次或多次集聚和分配，才能到达消费者手中，对于需要多次集散的水果、蔬菜和花卉，应尽可能地减少中间环节，保持新鲜和减少采后损失。

（3）轻装轻卸。果蔬和花卉含水量高，一般达 80%～90%，是鲜嫩易腐商品，因此装卸时应轻装轻卸，这是运输园艺产品的基本要求。若搬动装卸时违反操作规程，使包装箱或包装袋破损，就可能造成机械损伤和严重的腐烂变质。

（4）防热、防冻及其安全性。不同的果蔬、花卉有其相应的温湿度要求。运输过程中，温度过高会导致呼吸强度加大，促进成熟和衰老；温度过低又容易造成冷害和冻害；温度波动过大往往会造成果蔬、花卉表面结露，诱发微生物侵染，不利于保持园艺产品品质。因此，园艺产品在流通过程的每个环节中都要考虑防热、防冻及食用安全。

（5）采收和商品化处理。需要运输的园艺产品的采收成熟度要考虑运输距离的远近。远距离运输的应适当早采；短途运输或就地销售的产品，可在最佳品质时采收。采收后应根据产品的特性，立即进行分级、包装、预冷或愈伤处理、化学药物处理等，以减少流通过程的损失和腐烂。

任务二　园艺产品运输方式

【知识点】

1. 陆地运输

（1）铁路运输。铁路运输的优点是运载量大，运价低，受季节性变化影响小，速度快，连续性强。铁路运输成本略高于水运，为汽车平均运输成本的 1/20～1/15。但铁路造价高，占地多，短途运输成本高。目前铁路运输约占我国园艺产品运输的 30%，适于大量园艺产品的长途运输。我国园艺产品在铁路运输中一般采用普通棚车、加冰冷藏车和机械保温车运输。

①普通棚车。在我国新鲜园艺产品运输中，普通棚车仍为重要的运输工具。普通棚车车厢内没有温度调节控制设备，车厢内的温湿度通过通风、草帘或棉毯覆盖、炉温加热、夹冰等措施进行调节，受自然气温影响大。由于这种调节方式难以达到理想的温度，容易导致产品腐烂损失。

②隔热车。隔热车是一种仅具有隔热功能的车体，车内无任何制冷和加温设备。在货物运输的过程中，主要依靠隔热性能良好的车体来减少车内外的热

交换，以保证货物在运输期间温度的波动不超过允许的范围。这种车辆具有投资少、造价低、耗能少和节省运营费等优点。在我国适于在运量相对集中的一、四季度和部分短途运输中使用，既能缓和运力不足的矛盾，又能减少铁路运营支出，降低运输成本。

③冷藏车。铁路冷藏运输是运用冷藏、保温、防寒、加温、通风等方法，在铁路上快速优质地运输易腐货物。冷藏车具有车体隔热，气密性好，车内有冷却装置，炎热季节车内低温等特点。冷藏车在寒季还可以用于保温运送或加温运送，在车内保持较高温度。目前我国的冷藏车有加冰冷藏车、机械冷藏车和冷冻板车。

加冰冷藏车（冰保车）：通过向车厢顶部的冰箱内加冰或冰盐混合物和车体隔热层的保温作用使车厢内保持恒定的温度。各型加冰冷藏车，车内都装有冰箱、排水设备、通风循环设备以及检温设备等。我国的加冰冷藏车车体为钢结构，隔热材料为聚苯乙烯，顶部有若干冰箱。运输货物时在冰箱内加冰或加冰盐混合物，从而保持车内低温。加冰量或冰盐混合比例，根据货物对温度的不同要求而定。在铁路沿线定点设加冰站，使冰箱内的冰或冰盐混合物能在一定时间内得到补充，维持较为稳定的低温。在严寒地区或季节，可利用加温设备升温，以防产品遭受低温伤害。加冰保温车的缺点：盐液对车体和线路腐蚀严重；每个加冰站的加冰量较难掌握，车内温度不能灵活控制，易出现偏高或偏低现象；加冰频繁，每500～800km就需要靠站加冰；车辆重心偏高，不能高速运行。

机械冷藏车（机保车）：采用机械制冷和加温，配合强制通风系统，能有效控制车厢内温度，装载量比加冰冷藏车大。机械冷藏车由于使用制冷机，可在车内获得与冷库相同水平的低温，在更广泛的范围内调节温度，能使热货迅速降温，并可在车内保持均匀的温度，因而能更好地保持易腐货物的质量。冷藏车备有电源，便于实现制冷、加温、通风、循环、融霜的自动化。由于运行途中不需要加冰，可以加速货物送达，加速车辆周转。但机保车造价高，维修复杂，需要配备专业的乘务人员和维修设备。

（2）公路运输。公路运输是目前园艺产品主要的运输方式。公路汽车运输虽然成本高、运量小、耗能大、劳动生产率低，但公路汽车运输投资少、灵活方便、可迅速直达目的地，特别适于短途运输，可减少搬运次数，缩短运输时间。公路运输还可深入目前尚无铁路的中小城镇、工矿企业、农村及偏远地区，这是其他运输方式不能代替的。目前在我国，冷藏汽车数量较少，大量园艺产品的公路运输是由普通汽车或厢式汽车承担的。但随着经济的发展，保温汽车和冷藏汽车运输的比例将逐年上升。

①普通汽车或厢式汽车运输。普通汽车或厢式汽车与冷藏汽车相比，具有费用低、装载量大的优点，但普通汽车运输的园艺产品，质量很难保障，长途运输更是如此。普通汽车运输园艺产品要注意以下几点：

第一，防超载。超载威胁行车安全，是交通管理部门明令禁止的。超载运输对园艺产品的质量也会有较大的影响，特别是下层的产品挤压及长途运输过程中的振动，虽表面无损伤，但大型瓜果内部都会出现裂伤，在常温下短贮和销售过程中会出现内部变质现象。

第二，防冻害。冬季的北方，气温一般都在 0℃ 以下，产品容易发生冻害。园艺产品在低温下产生的呼吸热很少，根本不足以抵御寒冷的空气。需用棉被、草帘等在车的上下四周垫盖防寒，运输时间选在一天内气温较高的白天，运输距离不宜过长。

第三，防高温。在炎热的夏季，气温可达 30℃ 以上，利用货车运输，园艺产品的质量会迅速下降，应采取相应措施加以防范。例如，对运输产品预冷，减少田间热；夜间运输，防止暴晒；向货车车厢顶部不断淋水，以降低温度；产品用稳固而又通风的容器盛装；确保车厢四周通风透气性良好。

第四，防雨淋。不论什么季节，雨淋对包装容器的支持力和产品的质量都有很大影响，因此要注意防止。

第五，选择道路。公路运输时道路的选择十分重要，低等级的公路或正在修建的公路不但行车速度慢、容易堵车，而且车辆振动剧烈，易引起机械损伤，从而降低产品质量。因此，在运输过程中应尽可能走高等级公路或高速公路。

第六，安全问题。公路运输的安全问题十分重要，应避免车祸发生，减少损失，防止伤亡。一般长途运输要求有 3 人同行，两位司机轮流驾驶，一位具保鲜运输技术的人员负责产品质量保证工作。

②保温汽车。在一般卡车的底盘上安装隔热性能良好的车厢，不设冷源。这种车所装载的货物必须预冷，并且不能长距离运输，以免升温过快。保温汽车在设计时要加厚顶盖和箱底的保温层。因为夏季顶盖外部在烈日的暴晒下温度可达 50℃ 以上，而下部因受公路地面热辐射的作用，温度也很高。在保温车厢的外面刷上白色油漆，可以有效地反射辐射热，减少升温。

③冷藏汽车。根据制冷方式，冷藏汽车可以分为机械制冷、液氮或干冰制冷、蓄冷板制冷等。

机械制冷冷藏汽车：通常用于远距离运输，其蒸发器通常安装在车厢的前端，采用强制通风方式。冷风贴着车厢顶部向后流动，从两侧及车厢后部流到车厢底面，沿底面间隙返回车厢前端。这种通风方式使整个果蔬货堆都被冷风包围,外界传入车厢的热量直接被冷风吸收,不影响果蔬温度,机械制冷冷藏汽车的优点是车厢内温度比较均匀稳定,温度可调且范围广,运输成本低。

液氮制冷冷藏汽车:主要由液氮罐、喷嘴及温控器组成。液氮制冷时,车厢内的空气被氮气置换,而氮气是一种惰性气体,长途运输果蔬时,不但可减少其呼吸作用,还可防止果蔬被氧化。液氮制冷具有降温快、能较好保持果蔬质量等优点,但其成本高,液氮中途补给困难。

干冰制冷冷藏汽车:先使空气与干冰换热,然后借助通风机使冷却后的空气在车厢内循环,干冰升华吸热后产生的 CO_2 由排气管排出车外。干冰制冷具有设备简单、投资少、无噪声等优点,但降温速度慢,车厢内温度不均匀。

蓄冷板制冷冷藏汽车:蓄冷板中注入低温共晶溶液,使蓄冷板内共晶溶液冻结的过程就是蓄冷过程。将蓄冷板安装在车厢内,外界传入车厢的热量被共晶溶液吸收,共晶溶液由固态转变成液态。常用的低温共晶溶液有己二醇、丙二醇的水溶液及氯化钙、氯化钠的水溶液。共晶点应比车厢规定的温度低 2～3℃。蓄冷的方法通常有两种:一种是蓄冷板中装有制冷剂盘管,只要把蓄冷板上管的接头与制冷系统连接就可蓄冷;另一种是借助装在冷藏车内部的制冷机组,停车时借助外部电源驱动制冷机组使蓄冷板制冷。蓄冷板汽车的制冷时间一般为 8～12h,特殊的冷藏汽车可达 2～3d。

冷藏汽车运输费用较高,所以装载较满,容易出现车厢内温度不均匀的现象。目前我国的冷藏汽车多在车头装备蒸发器,冷气从上方直吹,下部的产品要靠缓慢的传导降温,易导致下层温度偏高而上层易发生冻伤。冷藏汽车还可利用旧的制冷集装箱改装,制冷集装箱的送风是从底部的风道均匀送风,冷却效果较好。

2. 水路运输　水路运输包括产地附近的小船、机帆船、内河运输船的运输,也包括近海轮船、远洋轮船的运输。水路运输的主要工具是冷藏集装箱和冷藏船,冷藏船隔热保温性能好,温度波动不超过±0.5℃。

轮船运输的优点:①运费低,在大批量园艺产品的长距离运输时,与铁路运输相比更经济,在国外,海运价格只是铁路的1/8,公路的1/40;②振动小,水路运输过程一般保持平稳,对产品产生的机械损伤较轻;③运载量大,成本低,耗能少,投资少,运输场所可不占或少占农田。

轮船运输的缺点:①水运的连续性差、速度慢、联运产品要中转换装,要配合其他运输方式,这不仅延缓了货物的送达速度,也增加了产品损耗;②港口装卸费时;③装卸和航行易受天气影响,有时被迫中止。

随着冷藏集装箱的广泛应用,轮船运输尤其是远洋轮船运输园艺产品有了很大发展,为了克服水路运输的缺点,运输中大量使用集装箱专用船和车辆轮渡。集装箱专用船以集装箱为单位装卸，装卸迅速，克服了原来装卸费时的缺点。轮船航速与原来相比，也得到很大提高。园艺产品利用集装箱和冷藏船运输，可漂洋过海进行国际贸易，船运速度比空运慢，一般需要1～4周的旅程。目前各国之间远距离的园艺产品进出口贸易主要利用轮船运输。例如，香蕉等大宗园艺产品横跨大洋的运输，使用数万吨级的专用船，装卸已机械化。因此，水运适于承担运量大、运距长的货物运输，它的运输成本比空运低，并且长途运输时，可提供良好的环境条件。

3. 航空运输　航空运输的最大特点是速度快，运输中振动小，产品损伤少，但装载量小，运费贵。适于急需特供、价格高、鲜度下降快的高档水果、蔬菜和花卉运输，如樱桃、草莓、水蜜桃、杨梅、鲜猴头、松茸、高档切花等产品。航空运输速度快，抢占市场灵活，运输是根据质量计费，所以每一批产品的数量多至几十吨，少至几十千克。由于空运是以毛重来计费的，所以空运园艺产品的包装物既要坚固，又要质轻，一般用纸箱、聚苯乙烯泡沫塑料箱、钙塑箱等。空运时飞行时间虽短，但上下机时间较长，如果在夏季，需在包装内加入密封好的冰袋以控制温度。

目前在我国，航空运输所占比例较少，但航空运输前景广阔，有人提议建"临空农业"，即在机场周围栽培适合航空运输的高档优质易腐园艺产品，面对销量大的地区销售。

4. 集装箱运输　集装箱是当今世界发展最快的运输工具，既省力、省时，又能保证产品质量，实现"门对门"的服务，是现代运输工具的一大革新。集装箱适用于多种运输工具，可以说集装箱是一个大包装箱。采用集装箱运输园艺产品，具有安全、迅速、简便和节省人力等优点。

集装箱运输已有多年历史，发展很快，目前已初步形成一个比较完整的体系。1970年国际标准化组织104技术委员会（ISO/TC104）对集装箱下的定义是：具有足够的强度，能长期反复使用；在途中转运时，不搬动容器内的货物，可以直接换装，即从一种运输工具直接换装到另一种运输工具上，以实现快速装卸；便于货物装满和卸完；具有$1m^3$以上的容积。凡具备以上4项条件的运输容器，都可以称为集装箱。我国1t集装箱的规格：外部为900mm×1 260mm×1 144mm，内容积为$1.3m^3$，箱重186kg，载重814kg，总计1 000kg。

所谓冷藏集装箱，就是具有一定的隔热性能，能保持一定低温，为适应各类园艺产品冷藏贮运而进行特殊设计的集装箱。冷藏集装箱具有钢质轻型骨架，内、外贴有钢板或轻金属板，两板之间填充隔热材料。常用的隔热材料有玻璃棉、聚苯乙烯和发泡聚氨酯等。

【思考与讨论】

1. 园艺产品陆地运输的方式有哪些？
2. 简述水路运输的优点。
3. 集装箱运输有哪些要求？

【知识拓展】

1. 各种运输方式及其特点　依据运输路线的不同，园艺产品的运输可分为陆路运输、水路运输和空中运输。陆路运输包括公路和铁路运输。水路运输包括河运和海运。园艺产品对运输的整体要求是速度快，运量大，成本低，投资少，受季节和环境的影响小。不同运输方式的优缺点是相对的、互辅的，因此它们既各有一定的地位和作用，又各有其局限性。

各种运输方式所完成的自生产地到消费地的运输过程，是一个运输系统工程。有些是由一种运输方式完成的，而更多的是通过几种运输方式联合完成的。因此，在实现运输现代化的过程中，发挥各种运输方式的优势，合理利用与综合发展各种运输方式就具有重要意义。在新鲜园艺产品的运输中，要充分发挥各种运输方式的长处，选择最经济合理的运输路线和运输工具来完成运输任务，即本着"及时、准确、安全、经济"的原则，建立产、供、销之间的合理联系。

各运输方式的合理使用范围，随着科学技术的进步在不断变化。例如，随着高速公路的发展，公路的运输份额在不断增大，很多工业发达国家如英、日、德、法等国的公路运输货运量已超过了铁路。然而铁路运输和水运由于运量大、运费低、耗能少，在大宗货物运输中仍占有较大比重。水果、蔬菜的国际贸易主要以海运为主，而花卉的国际贸易以空运为主。

2. 冷藏集装箱的分类

（1）按制冷方式分

①保温集装箱。无任何制冷装置，但箱壁具有良好的隔热性能。

②外置式保温集装箱。无任何制冷装置，隔热性能好，箱的一端有软管连接器，可以与船上或陆上供冷站的制冷装置连接，使冷气在集装箱内循环，达到制冷效果，一般能保持−25℃的冷藏温度。该集装箱中供冷，容积利用较高，自重轻，使用机械故障少。但它必须由设有专门制冷装置的船舶装运，使用时箱内温度不能单独调节。

③内藏式冷藏集装箱。箱内带有制冷装置，可自己供冷，制冷机组安装在箱体的一端，冷风由风机从一端送入箱内。如果箱体过长，则采用两端同时送

风，以保证箱内温度均匀。

④液氮和干冰冷藏集装箱。利用液氮或干冰制冷，以维持箱体内的低温。

（2）按运输方式分

海运集装箱：其制冷机组用电是由船上统一供给，不需要自备发电机组，因此机组构造比较简单，体积较小，造价较低。但海运集装箱卸船后，需依靠码头供电才能继续制冷，如转入铁路或公路运输时，必须增设发电机组，国际上一般的做法是采用插入式发电机组。

陆运集装箱：主要用于铁路、公路和内河航运船上，必须自备柴油或汽油发电机组才能保证运输途中制冷机组用电。有的陆运集装箱采用制冷机组与冷藏汽车发电机组合在一起的机组，其优点是体积小，质量轻，价格低，缺点是柴油机必须始终保持运转，耗油量较大。

3. 冷藏集装箱的型号　冷藏集装箱的尺寸和性能都已标准化，见表 3-2。

表 3-2　国际集装箱规格

类型	箱型	长（mm）	宽（mm）	高（mm）	最大总重（kg）
I	1A	12 191	2 438	2 438	30 480
	1AA	12 191	2 438	2 591	30 480
	1B	9 125	2 438	2 438	25 400
	1C	6 058	2 438	2 438	20 320
	1D	2 991	2 438	2 438	10 100
	1E	1 968	2 438	2 438	7 110
	1F	1 450	2 438	2 438	5 080
II	2A	2 920	2 300	2 100	7 110
	2B	2 400	2 100	2 100	7 110
	2C	1 450	2 300	2 100	7 110
III	3A	2 650	2 100	2 400	5 080
	3B	1 325	2 100	2 400	5 080
	3C	1 325	2 100	2 000	2 540

4. 冷藏集装箱的特点　冷藏集装箱可广泛应用于铁路、公路、水路和空中运输，冷藏集装箱运输是一种经济合理的运输方式。使用冷藏集装箱运输的优点如下：

（1）大大减少和避免运输货损和货差。更换运输工具时，不需重新装卸果蔬，简化理货手续，减少和避免货损和货差。

（2）提高了货物质量。箱内温度可以在一定范围内调节，箱体上还设有气孔，适用于各种易腐果蔬的冷藏运输，而且温差可控制在±1℃范围内，避免温差波动对果蔬质量的影响。

（3）装卸效率高，人工费用低。采用集装箱简化了装卸作业，缩短了装卸时间，降低了运输成本。

随着现代集装箱运输的发展，世界贸易中出现了国际集装箱运输，这是一种先进的现代化运输方式，与传统的杂货散运方式相比，具有运输效率高，经济效益好以及服务质量优的特点。因此，集装箱运输在世界范围内得到了飞速发展，已成为世界各国保证国际贸易的最优运输方式。尤其是经过几十年的发展，随着集装箱运输软硬件成套技术的成熟，到20世纪80年代集装箱运输已进入国际多式联运时代。

国际多式联运是一种以实现货物整体运输的最优化效益为目标的联运组织形式。它通常是以集装箱为运输单元，将不同的运输方式有机地组合在一起，构成连续的、综合性的一体化货物运输。通过一次托运、一次计费、一份单证和一次保险，由各运输区段的承运人共同完成货物的全程运输，即将货物的全程运输作为一个完整的单一运输过程来安排。然而，它与传统的单一运输方式又有很大的不同。根据1980年《联合国国际货物多式联运公约》以及1997年我国交通部和铁道部共同颁布的《国际集装箱多式联运管理规则》的定义，国际集装箱多式联运是指"按照国际集装箱多式联运合同，以至少两种不同的运输方式，由多式联运经营人将国际集装箱从一国境内接管的地点运至另一国境内指定交付的地点"。如今，提供优质的国际多式联运服务已成为集装箱运输经营人增强竞争力的重要手段。

任务三　园艺产品运输技术

【知识点】

1. 低温运输预冷技术

（1）车辆的预冷。用于园艺产品运输的冷藏车，在装车前必须进行预冷，其优点是：①减轻运输中的温度变动，提高运输质量；②提高园艺产品的装载量，从而提高运输效率；③减少运行途中继续冷却车体的热负荷。因此，如果时间允许，预冷越充分越好，尤其在炎热季节更重要。

我国现行《铁路鲜活货物运输规则》规定，机械冷藏车车内预冷温度：冻结货物为−3～0℃；香蕉为11～15℃；菠萝、柑橘为9～12℃；其他易腐货物为0～3℃。加冰冷藏车装运冷却货物或未冷却货物时，车内应预冷到12℃

以下。

在车体预冷时，应把车体温度降到规定的标准，而不是把车内空气温度降到规定的标准。车内空气温度不等于车体温度，因为车体的比热容比空气高，降温比空气慢。如果只降低车内气温，则停止制冷后车内温度达不到要求，因此要求预冷时间至少在 3h 以上。

（2）园艺产品预冷。在使用具有制冷设备的保温车时，充分预冷是湿热季节运输的必要前提。在使用机械冷藏车时，由于冷藏车制冷能力的设计需要综合考虑造价和运输的经济性，一般情况下，运输车辆的制冷能力仅能用于维持已冷却货物的温度。如用于运输未预冷货物，则增加了制冷负荷，且园艺产品的冷却也极为缓慢。为了避免冷却速度过慢，需要减少园艺产品的装载量，这又增加了运输成本。因此，即使使用冷藏车运输，园艺产品预冷也是一个必需的步骤。有关园艺产品预冷的方法前面已做了相应介绍。目前，预冷是制约我国园艺产品运输事业发展的因素之一。因此，在各主要运输装车地尽快建立预冷站或由地方冷库、铁路制冰厂开办预冷业务，已成为当务之急。

2. 园艺产品装载量 园艺产品装载量确定的基本要求是，在保证运输质量的前提下，兼顾车辆质量和体积的利用。确定园艺产品的装载量，必须考虑以下因素：

（1）车辆的比体积及园艺产品的质量/体积。在我国，冷藏车、保温车既装冷冻货物（如冻肉、速冻蔬菜），又装冷却货物（如园艺产品、鲜蛋），为多用途车。车辆的比体积（有效装载体积与标准载重量之比）是按上述综合用途来确定的，往往比较小，如 B18、B19、B20 机械冷藏车的比体积分别为 2.00 m^3/t、2.08 m^3/t、2.30 m^3/t。这类车用于装载园艺产品时，因园艺产品的比体积大，加包装及按不同堆垛要求堆放后的单位质量体积大，车辆载重量往往不能得到充分利用。

（2）园艺产品的性质和热量状态。园艺产品及包装是否坚实耐压，其预冷程度、呼吸热大小等，不仅影响装载方法、车辆热负荷，还影响装载量。例如，呼吸热小，充分预冷的产品可多装一些，而不致超过制冷能力。装载量只能根据车辆的制冷能力来确定，通常少于额定装载量。

（3）运输季节和车辆性能。运输车外界温度、车辆的隔热性能和制冷能力与货物的热状态决定运输中热负荷的大小和热平衡。如热负荷大，制冷能力不足，则只能减少装载量，这一点在热季运输时特别明显。显然，热季运输未预冷园艺产品的装载量是最低的，因为热季高温和未预冷货物均使车辆热负荷增大，而在热季机械制冷机的制冷能力反而下降。

3. 园艺产品装载方法 在冷藏运输时，必须使车内温度保持均匀，并使每件货物都可以接触到冷空气，以利于热交换。在保温运输时，应使货堆中部与四周的温度比较适中，防止产生货堆中部积热不散而四周又可能发生冻害。

新鲜果蔬装卸时，各货件之间都必须留有适当的间隙，以便车内空气顺利流通。在堆码时，每件货物都不能直接接触车底板和车壁板，在货件与车底板和车壁板之间需留有间隙。这样，通过车壁和底板进入车内的热量就可被间隙中的空气吸收，而能较好地保持货物的热状态。装载对低温敏感的果蔬时，货件不能紧靠机械冷藏车的出风口或加冰冷藏车的冰箱挡板，以免造成低温伤害。必要时，可在上述部位的货件上盖草席或草袋，使冷空气不直接与货件接触。

在冷藏或保温运输时，车厢内一般只能调节到一个温度。如果是集中供冷的铁路冷藏车，则整列车的车厢均调为同一温度。此外，由于低温运输时通风有限，所以不适宜园艺产品混装。

将生理特性各异的园艺产品混装在一起，有时会产生严重的后果。但是出于运输经济性的考虑，在实践中常遇到发货人或收货人要求混装的情况。这时，应按下列因素来考虑混装的相容性。

①温度。最适温度有较大差异的园艺产品不能混装。

②相对湿度。洋葱、蒜等要求低湿度的蔬菜不能与要求高湿度的园艺产品混装。

③乙烯和其他挥发物。对乙烯敏感的产品与乙烯释放量大的产品不能混装。释放具有强烈气味的挥发物的产品不能与其他产品混装。

为了在运输中便于选择可相容的园艺产品，国际制冷学会把 80 多种园艺产品分成了 8 个可以混装的组。

①苹果、杏、浆果、樱桃、无花果（不得与苹果混装）、葡萄、桃、梨、柿、李、梅等，适宜运输温度为 0～0.5℃，相对湿度为 90%～95%，浆果和樱桃用 10%～20%的 CO_2 气调包装运输。

②香蕉、番石榴、杧果、薄皮香瓜和密瓜、鲜橄榄、木瓜、菠萝、青番茄、粉红番茄、茄子、西瓜等，适宜运输温度为 13～18℃，相对湿度为 85%～95%。

③厚皮甜瓜类、柠檬、荔枝、橘子、橙子、红橘，适宜运输温度为 2.5～5℃，相对湿度为 90%～95%，甜瓜类为 95%。

④蚕豆、秋葵、红辣椒、青辣椒（不得与蚕豆混装）、美洲南瓜、印度南瓜等，适宜运输温度为 4.5～7.5℃，蚕豆为 3.5～5.5℃，相对湿度为 95%。

⑤黄瓜、茄子、姜（不得与茄子混装）、马铃薯、南瓜（印度南瓜）、西瓜，适宜运输温度为 8～13℃，姜不得低于 13℃，相对湿度为 85%～95%。

⑥石刁柏、红甜菜、胡萝卜、菊苣、无花果、葡萄、韭菜（不可与无花果、葡萄混装）、莴苣、蘑菇、荷兰豆、防风草、豌豆、黄豆、菠菜、芹菜、小白菜、甜玉米，适宜运输温度为 0～1.5℃，相对湿度为 95%～100%。除无花果、葡萄、蘑菇外，组内其他货物均可与⑦组的货物混装，石刁柏、无花果、葡萄、蘑菇等任何时候均不得与冰接触。

⑦花茎甘蓝、抱子甘蓝、甘蓝、花椰菜、芹菜、洋葱、萝卜、芜菁，适宜运输温度为 0～1.5℃，相对湿度为 95%～100%，可与冰接触。

⑧大蒜、洋葱等，推荐运输温度为 0～1.5℃，相对湿度为 65%～75%。

4. 途中管理

（1）温度管理。使用机械冷藏车运输时，应在途中每隔一定时间做好温度记录。铁路规定记录温度的间隔为 2h，并每隔 6h 填写一次冷藏车作业单。一般机械冷藏车的温度控制可自动进行，温度管理反而简单。

在使用加冰冷藏车时，车内的低温靠冰的消耗来维持。在运输距离较长时，往往需要中途加冰。因此，铁路加冰冷藏车必须按指定路线在有加冰站的线路上运行。加冰冷藏车应在始发站根据列车的热消耗预测冰消耗量，并向前方加冰站发出加冰预报，到达加冰站后，应立即检查车内温度、残冰情况，并按需要量加足冰或冰盐，同时向下一个加冰站发出预报。

在长途运输中，往往运输沿线的外界气温有很大差别，如在 10 月，由广州往满洲里运香蕉，广州的平均外温为 23℃，满洲里为 0℃，在这种情况下，往往要视具体情况，先用冷藏运输，在途中的适宜区段采用不制冷的保温运输或通风运输，而在严寒地段降温超过允许幅度时，则要采用加温防寒运输，以保证货温的稳定。

（2）通风。通风的目的主要有两个：一是排除园艺产品运输途中释放的过多水汽、CO_2、乙烯和其他气体，保证产品不受有害气体的伤害；二是为散失热量，帮助调节车内温度。

机械冷藏车一般有自然通风与强制通风装置，在途中或停站时通风。加冰冷藏车因无强制通风装置，在途中可开启通风口，利用车辆与空气的相对运动来通风。在停站时，只能在通风口临时装设风扇进行通风。如通风的目的是为了换气，则冷藏车的通风在热季和温季要求进入车内的空气温度低于车内温度，所以应在夜间或清晨进行，否则不宜通风或需进行空气的预冷。在寒季一般不进行通风，以免冻坏产品。温、寒季为调节温度而通风时，应根据货温确定通风量，外界气温过低时，通风要缓慢，应在白天进行，否则易冻坏产品。外温低于-10℃时停止一切通风。

5. 到达作业　到达作业是园艺产品运输过程的终了作业，主要是及时卸车。若到达作业处理不当，也可能对产品造成巨大损失。

在采用汽车运输时，因批量小，卸车及转运、入库工作较易组织。而使用铁路运输时，产品的批量很大，应特别重视卸车的组织工作。在运输中，中途应根据运行情况及时向终点站做预报。到站应根据预报及时通知收货人准备卸车。园艺产品等冷藏运输的易腐货物一般由收货人自备搬运工具，直接组织卸车。

园艺产品经长途运输后，所受的损伤和病原菌侵染较大，一般不适于继续长期贮藏。卸车后的产品应及时进行转运处理，避免长时间堆积造成腐烂损失。

【知识拓展】

1. 冷链流通的定义　关于冷链的定义，各个国家有所不同。欧盟定义冷链为：从原料的供应，经过生产、加工或屠宰，直到最终消费的一系列有温度控制的过程。冷链是用来描述冷藏和冷冻食品的生产、配送、贮存和零售这一系列相互关联的操作的术语。美国食品药物管理局定义冷链为：贯穿从农田到餐桌的连续过程中维持正确的温度，以阻止细菌的生长。根据原国家技术监督局发布的《中华人民共和国国家标准物流术语》所述，我国冷链是指为保持新鲜食品及冷冻食品等的品质，使其在从生产到消费的过程中，始终处于低温状态的配有专门设备的物流网络。即在我国冷链物流泛指冷藏冷冻类产品在生产、贮运、销售到消费前的各个环节中始终处于规定的低温环境下，以保证产品质量、减少产品损耗的一项系统工程，它是随着制冷技术的进步、物流的发展而兴起的，是以冷冻工艺学为基础、以制冷技术为手段的低温物流过程。

2. 冷链物流的特点　冷链物流重要的是产品在时间、品质、温度、湿度和环境卫生方面的特殊性，体现更大的增值潜力和能量，是一项复杂的系统工程。其主要特点如下：第一，时效性，由于易腐生鲜产品的不易贮藏性，要求冷链物流必须具有一定的时效性；第二，复杂性，在整个冷链物流过程中，冷链所包含的制冷技术、保温技术、产品质量变化机理和温度控制及监测等技术是支撑冷链的技术基础，冷藏物品在流通过程中质量随着温度和时间的变化而变化，不同的产品必须有对应的温度控制和贮藏时间，增加了冷链物流的复杂性，所以说冷链物流是一个庞大的系统工程；第三，高成本性，冷链物流中的冷库建设和冷藏车的购置需要的投资比较大，是一般库房和干货车辆的 $3\sim5$ 倍，冷链物流的运输成本高，因为电费和油费是维持冷链的必要投入。

3. 冷链物流应遵循的原则　冷链物流的核心是保持低温环境，以确保生鲜品的安全和品质。与常规物流系统相比，冷链物流有其自身的特点，在操作过程中需要遵从以下原则。

（1）3P原则。原料品质、处理工艺和货物包装，要求原料品质好、处理工艺质量高、包装符合货物特性。这是货物进入冷链时早期质量控制的根本。

（2）3C原则。在整个加工和流通过程中，爱护产品、保持清洁卫生的条件以及低温的环境，这是保证产品流通质量的基本条件。

（3）3T原则。物流的最终质量取决于冷链的贮藏温度、流通时间和产品本身的耐贮性。冷藏物品在流通过程中质量随着温度和时间的变化而变化，不同的产品必须要有对应的温度控制和贮藏时间。

（4）3Q原则。冷链中设备的数量协调、设备质量标准一致和快速的作业组织。冷链设备数量和质量标准的协调能够保证货物总是处在适宜的环境中，并能提高各设备的利用率。快速的作业组织则是指加工部门的生产过程，经营者的货源组织，运输部门的车辆准备与途中服务、换装作业的衔接等。

（5）3M原则。保鲜工具与手段、保鲜方法和管理措施，在冷链中所用的贮运工具及保鲜方法要适合食品的特性，并能保证既经济又具有最佳保鲜效果。

4. 园艺产品冷链系统 园艺产品从生产到消费的过程中要保持高品质就必须采用冷藏链。冷链系统中任何一个环节欠缺，都将破坏整个冷链保藏运输系统（图3-1）的完整性和实施。在经济技术发达的日本、美国等国，园艺产品采后贮运已实现了冷链系统保藏运输。随着我国商品经济和冷藏技术的发展，具有中国特色的园艺产品采后冷链系统必将得到迅猛发展。

生产基地园艺产品采收→生产基地
↓普通车船短途运输
分级、包装、成件、预冷等商品化处理冷库→生产单位
↓冷藏车船运输
收购、运送、分配、调运批发冷库→经营单位
↓冷藏车送至商店
超级市场、小卖部零售陈列冷藏柜→销售单位
↓冷藏箱、瓶、袋
消费者、食堂、饭店、宾馆小型冷库、冰箱→消费者

图3-1 低温冷链保藏运输系统

冷藏运输是冷藏链中十分重要且必不可少的一个环节，由冷藏运输设备完成。冷藏运输设备是指本身能创造并维持一定低温环境，以运输冷藏冷冻果蔬为主的设施及装置，包括冷藏汽车、铁路冷藏车、冷藏船和冷藏集装箱等。冷藏运输包括果蔬的中、长途运输及短途送货，它应用于冷藏链中果蔬从原料产地到加工基地再到商场冷藏柜之间的低温运输，也应用于冷藏链中冷冻果蔬从

生产单位到消费地之间的批量运输，以及消费区域内冷库之间和消费店之间的运输。对冷藏运输设备的要求如下：①产生并维持一定的低温环境，保持果蔬的低温；②隔热性好，尽量减少外界传入的热量；③可根据果蔬种类或环境的变化调节温度；④制冷装置在设备内所占用的空间尽可能小；⑤制冷装置质量轻，安装稳定，安全可靠，不易出事故；⑥运输成本低。

5. 冷藏链的组成

（1）按园艺产品从采收加工到消费的工艺流程顺序分，冷藏链由预冷、低温贮藏、冷藏运输和低温销售等部分组成。

①预冷。主要涉及各类预冷装置，已介绍。

②低温贮藏。主要涉及各类冷库、气调库以及简易贮藏等。另外，还包括销售部门的冷藏柜、冷藏陈列柜以及消费者的家用冰箱。

③冷藏运输。包括园艺产品的中、长途运输和短途送货等。主要涉及铁路冷藏车、冷藏汽车、冷藏船、冷藏集装箱等低温运输工具。

在冷藏运输过程中，温度的波动是引起产品质量下降的主要原因之一，因此运输工具不但要保持运输产品适宜的低温，而且不能有较大的温度波动，长距离运输尤其如此。

④低温销售。包括产品的批发和零售等，由生产部门、批发商和零售商共同完成。近年来，超级市场大量涌现，已成为冷藏产品的主要销售渠道。超市中的冷藏陈列柜兼有冷藏和销售的功能，是园艺产品冷藏链的主要组成部分之一。

（2）按冷藏链中各环节的装置分，冷藏链由固定装置和流动装置两部分组成。

①固定装置。包括气调库、冷库、冷藏柜、家用冰箱、超市冷藏陈列柜等。冷库主要完成产品的收集、加工、贮藏和分配；冷藏柜和冷藏陈列柜主要供机关团体的食堂和产品零售用；家用冰箱主要用于冷藏食品的家用供应。

②流动装置。包括车载式真空冷却装置、铁路冷藏车、冷藏汽车、冷藏船和冷藏集装箱等。

【思考与讨论】

1. 冷链流通的定义是什么？
2. 园艺产品装载应注意哪些问题？
3. 模拟完成园艺产品冷链运输流程。